"十三五"普通高等教育本科部委级规划教材

服装表演训练教程

金润姬　辛以璐　李笑南　编著

中国纺织出版社

内 容 提 要

本书是"十三五"普通高等教育本科部委级规划教材，亦是服装模特表演基础教育教材。作者结合多年服装模特教育与表演实践教学经验，系统地阐述了服装模特基础培训、服装表演编导与制作、服装模特相关领域多栖发展等内容。本书图文并茂，直观性、针对性强，更利于专业知识的学习和掌握。

本书既可作为高等院校服装模特专业教材，也可供从事相关专业的人员学习和参考。

图书在版编目（CIP）数据

服装表演训练教程 / 金润姬，辛以璐，李笑南编著 . —北京：中国纺织出版社，2016.6（2022.6重印）

"十三五"普通高等教育本科部委级规划教材

ISBN 978-7-5180-2622-7

Ⅰ . ①服… Ⅱ . ①金… ②辛… ③李… Ⅲ . ①服装表演—高等学校—教材 Ⅳ . ① TS942

中国版本图书馆 CIP 数据核字（2016）第 112647 号

策划编辑：魏 萌　　责任校对：王花妮　　特约编辑：张 源
责任设计：何 建　　责任印制：王艳丽

中国纺织出版社出版发行
地址：北京市朝阳区百子湾东里 A407 号楼　邮政编码：100124
销售电话：010 — 67004422　传真：010 — 87155801
http://www.c-textilep.com
E-mail：faxing@c-textilep.com
中国纺织出版社天猫旗舰店
官方微博 http://weibo.com/2119887771
唐山玺诚印务有限公司印刷 各地新华书店经销
2016 年 6 月第 1 版　2022 年 6 月第 5 次印刷
开本：787×1092　1/16　印张：8.5
字数：117 千字　定价：39.80 元

前　言

　　曾经，身边的很多人认为，服装表演的从业标准只需要外在条件好，对其内涵要求可以适当放宽一些。在经过了十几年教学的不断摸索，加之参加国内外秀场大赛的经历与经验，本人认为如今的服装表演已经被赋予了新的评判标准，从业者不再只是展示服装的"道具"，而应该是有学历、有文化、有修养的一批专业综合型人才。作为高校该专业的教育工作者，本人也深深感到服装表演专业的要求越来越高，不但要求他们对服装文化内涵有深刻的理解，还要求他们对音乐、舞蹈以及时尚潮流都有所感悟。加之近年来服装表演专业国际化趋势越来越明显，使得该专业目前的就业前景更加广阔，高学历从业人才十分紧缺。所以本书作为"十三五"普通高等教育本科部委级规划教材，可以说是应时而生，希望本书能够对我国高等院校服装表演专业的教学内容和体系的完善以及培养综合型、高素质的服装表演从业人员起到积极的推动作用。

　　望本书能成为专业爱好者和从业者的良师益友。由于时间仓促、学识有限，书中不足和疏漏之处难免，恳请广大读者将意见和建议反馈给我们，以便在后续版本中不断改进和完善。

编著者

2016 年 1 月

教学内容及课时安排

章 / 课时	课程性质 / 课时	节	课程内容
第一章	基础理论知识 （8 课时）	·	**服装表演概述**
		一	服装表演的概念及分类
		二	服装表演模特的工作模式及分类
第二章		·	**服装模特的形体要求**
		一	服装模特的体型标准及测量
		二	合理营养的用餐指导
第三章	核心专业知识 （116 课时）	·	**服装模特的台步基础训练**
		一	服装模特的基本功训练
		二	服装模特的表演技巧训练
第四章		·	**服装模特的形体训练**
		一	芭蕾基础训练
		二	中国古典舞基础训练
		三	中国古典舞身韵训练
		四	有氧健身训练
第五章		·	**服装表演的多元化方向发展**
		一	服装模特肢体语言升华
		二	服装模特自身素质的提高
第六章		·	**服装模特的风格化及形象塑造**
		一	潮流时尚对服装模特形象塑造的影响
		二	服装模特应对不同工作环境的形象设计
		三	服装模特的个人护理
第七章		·	**服装模特的个人素质与心理状态**
		一	服装模特个人素质的提升
		二	服装模特的心理素质培训与认知自我价值
第八章		·	**职业模特赛事的解析与教育指导**
		一	国内外重大模特赛事
		二	中国模特赛事现状与发展
第九章	理论知识应用 （16 课时）	·	**服装表演的策划与编导**
		一	时尚来源于不断的创意
		二	服装表演的编排
		三	丰富服装表演内容的演绎形式
		四	服装表演场地选择及舞台设计
		五	服装表演中灯光及音响的应用
		六	服装表演场地的场内管理
第十章	专业知识研究 （4 课时）	·	**服装表演市场与模特经纪**
		一	服装表演的市场化
		二	服装表演模特的经纪与管理方向教育发展
		三	与服装模特相关的职业
		四	在各行业中服装模特需要具备的基本条件

注 各院校可根据自身的教学特点和教学计划对课程时数进行调整。

目　录

1

服装表演训练教程

服装表演训练教程

基础理论知识

第 一 章

课题名称：服装表演概述

课题内容：服装表演的概念及分类
服装表演模特的工作模式及分类

课题时间：4 课时

教学目的：让学生了解与服装表演相关知识，分清其种类对服装表演模
特的工作和分类方法。

教学重点：1. 了解服装表演的概念。
2. 了解服装表演模特的几种工作模式。
3. 能够对常见的几种服装表演进行辨别，了解模特分类。

教学方式：理论教学

课前准备：观看或参与过服装表演，对服装表演有基本的认识。

第一节 服装表演的概念及分类

一、服装表演的概念

服装表演（fashion show）是由服装模特在特定场所通过走台表演，展示服装的活动。一般是在铺有长长的跑道式地毯的表演台上，模特穿上特制的服装、配以相应的饰品，以特定的步伐和节奏来回走动并做各种动作和造型。服装模特是传递设计师意图的使者，用自己的形体姿态动作与服装融合。通过模特，把服装、音乐、表演融为一体，达到高度完美的艺术统一（图1-1）。

服装表演虽然是一种以视觉效果为特征的舞台活动，但它主要是体现服装的款式、色彩、面料和各种附属装饰品（图1-2）。

模特：聂 丹

图1-1

模特：唐雨薇

图1-2

二、服装表演的分类

1. **订货会服装表演** 订货会服装表演以实现订单为目的，观众的组成基本为经销商或百货公司的专业人员。演出的服装也基本上是可以批量供货的服装（俗称大货），属于新开发的实用服装，大部分可以投放市场出售。这类表演的重点是让观众尽可能地看清楚所展示产品的基本材料、款式、色彩。这类演出在制作中，并不一定要投入很多的经费来制造演出效果的视觉冲击力，也不一定要制造强烈的舞台效果（图 1-3 ～图 1-5）。

在订货会上，服装模特所展示的服装是企业最新和即将推出的款型，因此，替客户保守新产品的秘密是参与服装表演的每一位演职人员最基本的职业道德。为了对新产品款型的保密，订货会服装表演通常不邀请媒体参加，不邀请与订货无关的非专业人士参与，不允许拍照。订货会服装表演的举办地一般是在服装公司内或公司订货会指定的场地。一般每年分秋冬和春夏，举办两次。

2. **发布会服装表演** 这类表演的目的是设计师或品牌向社会展示自己的实力，增强经销商和终端销售对品牌的信任，借助媒体充分展现品牌下一个季将要推出服装的造型、

模特：黄晓婉

图 1-3

模特：于小荷

图 1-4

模特：聂 丹

图 1-5

款式、色彩以及面料的流行趋势。发布会服装表演邀请的观众主要是时尚媒体、经销商、加盟商、供应商及重要的业内人士或名人（明星）等。

发布会所表演的服装在具有实用性的同时，具有一定的夸张性。这类表演的场地通常选择在人们所关注的地点，有临时搭建的场馆、博览会统一的场馆或其他具有创意性的场所。由于这类表演的目的是引起人们对品牌的关注。因此，能够充分地组织好媒体是这类演出成功的关键。发布会服装表演的制作一般应充分体现品牌的文化和个性（图1-6～图1-8）。

3. 促销型服装表演 这类表演的表演场所常为百货公司或专卖店内，观众是来购物的客人，表演的服装是在商店内可以买到的产品。促销型服装表演通常不会投入过多的经费来邀请高端的服装模特以及搭建奢华的T台。

上述三种类型的服装表演的目的是要增强观众对品牌对设计师的认知程度，使人们对服装品牌留有良好的印象从而增加对产品的购买力，因此这三类服装表演在策划和制作过

模特：徐　越

图1-6

模特：袁　想

图1-7

模特：潘婕妤

图1-8

程中要时刻考虑观众的接受和承受能力，既要有通俗性，又要有一定的创意和新鲜感。任何的夸张都要控制在一般观众可以接受的范围之内。

4. 艺术创意型服装表演 这类表演是对设计师艺术功底和艺术才华的展示，像画家和音乐家的作品一样，服装设计师是利用服装作品以及服装表演来表达自己的情感（包括对社会、人文、环境等的情感）。因此，演出的服装可以不考虑服装的穿着功能实用性以及市场营销的因素，在材料、造型以及色彩方面可以无限自由地夸张（图1-9、图1-10）。

观众的基本构成为社会各界有感于艺术创作的人士、时尚及艺术媒体、艺术评论家以及与服装设计或其他工业设计相关的人员。服装的经销商或经营者并不一定是这类演出重点的邀请对象，因为他们会以市场的观点来评论服装作品，因此过多地邀请营销人员可能会引起相反的效果。演出的场地通常选择在比较具有艺术气氛或创意性的场馆。

模特：于小荷

图1-9

模特：聂 丹

图1-10

第二节 | 服装表演模特的工作模式及分类

一、服装表演模特的工作模式

1. **纸质媒体（印刷类）** 纸质媒体是指摄影的作品和印刷类上的插图，如时尚杂志、报纸、宣传单或海报、各类书籍教材以及展示板等。

2. **电子媒体** 电子媒体是指通过电视、广播、录像、电影、幻灯片以及一切声光影像媒体传播，如用于影视表演、广告宣传片、公共关系、教育、直销等（图1-11）。

3. **现场服装表演** 现场服装表演包括在正式或非正式的场合下为了展示服装而向个人或群体进行的表演，模特受雇于设计师或者厂商，穿着定做的服装进行服装表演展示。此项表演可以在商场、展示区进行（图1-12）。

模特：于　彤

图 1-11

模特：吴轩宇

图 1-12

二、服装表演模特的分类

1．按用途分

（1）走台模特：走台模特通过在 T 台上的走动来展示服装，是模特中最常见的一种，也是社会需求量最大的一种服装模特（图 1-13）。

（2）摄影模特：随着社会的进步，人们的文化品位不断提高，各媒体对时装及服装的传播速度加快，企业树立品牌意识也在不断提升，从而对摄影模特的需求量也开始变大。摄影模特除需要具备身体匀称、五官标准的基本条件外，还要有一定与摄影师工作配合的能力，即镜前表现力和造型能力（图 1-14）。

（3）内衣和泳装模特：性感而柔软的身体和 34B 的胸围是必需的，模特的肌肤不能有任何缺陷，模特的肋骨和前胸骨不能过于明显地突出，既不能脂肪堆积，也不能肌肉过于突出才是最好。

（4）试衣模特：与走台模特和摄影模特不同，试衣模特不出现在众人面前，试衣模特主要是为设计师或服装公司试穿样衣，通过试穿发现问题，以便完善指导成品生产（图 1-15）。

模特：李天桅

图 1-13

模特：聂　丹

图 1-14

（5）"部件"模特：这类模特只展示身体的局部，如手部、腿部、脚部或者是脸部。

2. 按年龄分

儿童模特：一般年龄在 14 岁以下。

青年模特：女模，一般可工作到 28 岁左右。男模，一般可工作到 35 岁左右。

中老年模特：年龄一般在 40 岁以上。

模特：于小荷

图 1-15

思考与练习

1. 服装表演的概念？

2. 服装表演的工作模式的分类有哪些？每类工作内容的特点是什么？

第二章

课题名称： 服装模特的形体要求

课题内容： 服装模特的体型标准及测量
合理营养的用餐指导

课题时间： 4 课时

教学目的： 使学生充分了解专业服装表演模特的身材体型要求及市场定
位。对自己的体型、形象有基本的了解和分析，找到适合自
己的市场定位。

教学重点： 1. 掌握服装模特的形体标准及测量方法。
2. 针对服装模特体型要求搭配合理的用餐。

教学方式： 理论教学

课前准备： 观看或参与服装表演，对食物的热量摄入有一定的了解。

第一节 服装模特的体型标准及测量

模特的基本条件就是形体。形体即人的整体外形。服装模特的动态展示给服装注入活力，服装的艺术魅力通过服装模特的形体动作表现出来。世界各国的服装设计师都按标准尺寸制作样衣，所以，服装模特的形体，直接成为他所展示的服装能否被观众理解和接受的主要因素之一（图2-1）。

基本条件对服装模特来说是最重要的一项，如基本条件达不到标准要求，其他方面再好，也不能称为优秀的服装模特。

服装模特骨骼、身材这两方面都必须具备匀称的比例，也就是说对模特的形体有严格的要求。这里所说的形体涉及身高、人体比例、头型、脸型、颈部、三围、四肢及手与脚的形态。

模特：朱鸿德

图2-1

一、标准身高体重对应表

每一个专业服装模特都应该建有一个属于自己的身高体重记录表，从这个表中可以查找自己需要修正的形体问题，并可以此为依据订立可行的改善措施。为了使数据准确，做所有的测量时只着贴身衣服、不穿鞋子（表2-1）。

1. **身高** 身高是模特基本条件中的首要条件，目前在全世界范围内，模特身体高度还有上升趋势。因此，选用"超常型"的走台模特就如同放大了"衣服架子"，可以使观众清楚地看到服装的款式、结构、面料质感及服装色彩。

（1）女模特：女模特是服装表演的主体。在我们常见的服装表演中，女模特占大多数。女模特身高一般为1.75～1.82m，体重应控制在45～55kg。模特的体重直接影响模特的美感和表达力，所以控制模特的体重是一个很重要的问题。女模特应是身材修长、匀称，给人的感觉是轻盈而优美（图2-2、图2-3）。

（2）男模特：男模特和女模特相比数量较少，但是随着模特行业的发展及市场的需求，男模特的身影越来越多地出现在服装表演T台上。男模特的身高一般为1.85～1.92m，体重应控制在70～80kg。男模特身体应强壮，但不能过分粗壮，给人的感觉应是俊美的，同时又要有些深沉，显示出一种积极向上的精神力量。

服装表演训练教程

表 2-1　模特标准身高体重记录表

项目	第一阶段		第二阶段		第三阶段		第四阶段		最终阶段	
	现状	目标	现状	目标	现状	目标	现状	目标		
净重（kg）										
胸围（cm）										
腰围（cm）										
臀围（cm）										
大腿（cm）										
膝盖（cm）										
小腿（cm）										
肩宽（cm）										
手臂（cm）										
手腕（cm）										
备注										

模特姓名：　　　　　　身高：　　　　　　年龄：

　　由于世界东西方地理位置和自然生态环境的不同，人的肤色、骨骼和人体的外形上均存在着一定差异。西方人与东方人相比，普遍高大且丰满一些。所以，西方的男模特身高一般为 1.86 ～ 1.92m，女模特一般为 1.76 ～ 1.82m。

　　摄影模特和试衣模特的身高条件，可以比走台模特的要求适当放宽。

　　2. **比例**　人体比例是决定人体美的直接因素，服装模特是人体美的具体体现者。所以，对模特的人体比例有较高的要求（图 2-4）。

　　上下身比例：以肚脐为上下身分界点，从头顶到肚脐的高度为上身长；从肚脐到地面

模特：王菁菁

图 2-2

模特：李天桅

图 2-3

模特：关　娜

图 2-4

的高度为下身长。服装模特的下身应长于上身。测得下身高度占身体总高度的 0.618（黄金比值）为佳，即上身长：下身长 =1：1.618=0.618。模特所测上下身长比值接近或大于黄金比值时，是最符合人体美学的。

大小腿比例：腿部对于模特来说是非常重要的。模特小腿的长度应与大腿的长度接近相等或略长于大腿，给人以腿型纤细、修长的感觉。

头与身高比例：头与身高比指标分析，"人体最美的比例是头部为身高的八分之一"，即身高为八个头长的比例，一直被作为完美体型的度量标准。

目前，国际时装舞台上以娇小的头型为时髦，因为娇小的头型会使得形体显得更加修长优美。但头型也不能过小，头型过小会使人的比例失调。一般模特的头长占身长 1/7 ~ 1/8，1/8 为最好。同一身高时，头长者显得矮，头小者显得高些。

3. 脸型与五官　女模特的脸型多为瓜子脸、鹅蛋脸和长方脸。这些脸型给人文雅、恬静和成熟女性娇媚之感。模特基本形象应是五官端正并与各部分协调。其局部看不一定很美，作为整体，局部端正加上总体轮廓协调也会产生美。此外，模特眼睛明亮，鼻梁挺直，高颧骨，唇形丰润。五官端正不等于漂亮，相反过于漂亮则往往会影响其服装的充分展示。所以，服装模特的脸型和五官以具有明显的个性特征和独具魅力为宜。五官平平的模特也可通过化妆，达到光彩照人（图 2-5）。

男模特方圆脸型为多见，五官应端正，面部协调，相貌的轮廓棱角清晰（图 2-6）。

4. 颈与肩　颈与肩是模特在表演中裸露可能性较大的部位，而且颈与肩增加修饰往往受到约束（考虑服装整体效果），挑选模特时应加注意。

颈部：服装模特的颈部以长而挺拔为宜，否则其姿态就不舒展而影响表演效果。但要

模特：黄晓婉

图 2-5

模特：高　伟

图 2-6

注意，这里所说长而挺拔为宜，并不是颈部越长越好，而是相对而言。

肩部：人的双肩是身体的一道横线，模特"衣服架子"的理由之一就是来自此线。肩型的好与差直接影响服装造型的悬垂效果。模特的肩宽应在40cm以上。

5. **三围**　三围是指人的胸围、腰围、臀围。由于一个人的三围的尺寸不同，便形成了人的曲线。人的曲线是构成人体美的重要因素之一。

随着模特行业的国际化，东方女模特的三围比最初要求更加严格：一般要求胸围85cm左右、腰围58cm左右、臀围89cm左右。这样的三围在各大面试中都会占有很好的面试率。因三围的不同而形成的身体曲线是构成女性形体美的重要因素，所以，服装模特的三围就更加重要。人体的曲线能使服装造型产生一种很强的起伏感和动感，如缺乏这种曲线则会使服装造型显得平板而失去魅力（图2-7）。

6. **四肢**　服装模特的四肢在表演过程中外露的时间较多，是展示服装的一个重要部位。特别是表演泳装时对四肢的要求较高。模特的四肢要修长、起伏均匀而且皮肤要好。双臂与肩的交会处（肩头）的过渡要柔和，因为它影响人的整体形象和服装肩部的效果。下肢挺直而富于力度。大腿粗细适中，小腿要长，腿肚形状要好。若腿部呈现过大的内弧或外弧都不适合做服装模特，因为这种腿会影响身体姿态的美感。

7. **手与脚**　服装模特的手与脚的形态也是不可忽视的，因为手与脚同样能陪衬服装而表达情感。女模特手型要雅，手指纤细、圆润而柔嫩。男模手指粗细适中。模特脚型要端正，内八字或外八字都是不可取的（图2-8）。

对于人体美的内涵，在不同时代有着不同的理解。当代人们理想中人体美的特征为：修长、潇洒和浪漫（瘦型）。服装模健康的体型美正是具

模特：袁　想

图 2-7

模特：顾　雪

图 2-8

有这一典型特征。服装模特以修长的体态、优美的曲线、潇洒的风姿和浪漫的气质为主要特色。只有具备了这些特征之后才能充分地表达服装整体的美感，创造出最理想、最完美的艺术效果（图2-9）。

模特：刘栩言

图 2-9

二、模特体型测量方法

①身高：正常站立，随着姿势的改变和学的怎么样站得更高展现给人们（图2-10①）。

②身长：自第七颈椎点向下垂直至脚底（图2-10②）。

③上身长：从第七颈椎点向下垂直至臀、腿之间的臀线。（图2-10③）

④胸围：胸部最饱满处贴身围量一周（水平）的长度。图2-10中④即胸围线，国际通用代号为B。

⑤腰围：腰部最细处贴身围量一周（水平）的长度。图2-10中⑤即腰围线，国际通用代号为W。

⑥臀围：臀部最饱满处贴身量一周（水平）的长度。图2-10中⑥即臀围线，国际通用代号为H。

⑦腿根围：大腿最丰满处水平围量一周的长度（图2-10⑦）。

⑧小腿围：小腿最粗处水平围量一周的长度（图2-10⑧）。

⑨脚踝围：脚踝最细处水平围量一周的长度（图2-10⑨）。

⑩肩宽：两臂自然下垂于身侧，两肩峰点间的水平距离（图2-10⑩）。

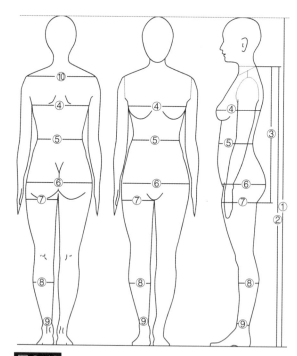

图 2-10

第二节 | 合理营养的用餐指导

一、日常饮食指导

美外表以健康的身体为基础，合理营养搭配的饮食对模特的身材保持十分重要（图2-11），每天均衡摄入以下四大类食物以保证身体所必需的维生素和矿物质。

奶制品：主要包括牛奶、酸奶（奶酪、黄油仅限增肌时的男模）等。

谷物：主要包括谷类、全麦面包等。

蛋白质：主要包括鱼、鸡蛋、坚果等。

水果和蔬菜：苹果、柠檬、葡萄、橙子等负卡路里食物。

芦笋、西兰花、萝卜、芹菜、黄瓜、西红柿等。

模特避免吃高热量、低营养价值的食物和有可能导致过敏的刺激性食物，尽量不吃影响皮肤健康的食物和饮料，例如：过多食用巧克力、油炸食品、可乐、咖啡和含酒精的饮料。同时，还要减少盐分、糖分、脂肪的摄入。多食用富含维生素的食物，选择新鲜的水果和蔬菜，多喝水，减肥过程中要制订合理的用餐计划。

（1）早餐必食，减肥中可以用苹果和酸奶代替；将三餐的食量分成四至五餐，少吃多餐，晚餐应适当减少。

（2）大强度的锻炼中可以多次少量地补充温水或淡盐水，不饮凉水或饮料，锻炼的前后两小时，可以适当地吃一些蔬菜、水果。切忌空腹锻炼。

（3）睡前三小时禁止食用任何食物，以免加重身体器官的负担，并增加体重。

二、运动饮食指导

1. 运动前两小时不应该吃的食物 粗纤维等不适宜消化的蔬菜应该要避免摄入，如甘蓝、洋葱以及青豆。脂肪含量过高的

模特：宋艾伦

图2-11

食物也应该要避免，很容易给肠胃带来负担，如汉堡、薯条以及冰激凌。

2. **运动前两小时应该吃的食物** 运动前应该要摄入 300 ~ 400 卡路里（1 卡路里 =4.18 焦耳）的食物，包含碳水化合物、蛋白质以及健康的脂肪。

3. **运动前一小时不应该吃的食物** 千万要记得不要摄入容易胀气的食物，如梨、苹果以及各种瓜类，这些食物会对胃产生很大负担（图 2-12）。

4. **运动前一小时应该吃的食物** 运动前一小时摄入差不多 150 卡路里热量的食物，最好有易消化的碳水化合物和蛋白质。例如，全麦面包配黄油、全谷物饼干，一小碗燕麦片，水果与坚果的混合物，一根胡萝卜加两片奶酪，都是很好的选择。

5. **运动前半小时不应该吃的食物** 大量的蛋白质、碳水化合物以及高纤维食物，这个时候已经不适合摄入了，面包、奶酪、炸鸡以及麦片，都不适合食用。

模特：李天桅

图 2-12

6. **运动前半小时应该吃的食物** 运动前半小时，不适宜摄入那些脂肪类食物，应该摄入小份的易消化的碳水化合物，如香蕉、几块苏打饼干以及葡萄干等。

思考与练习

1. 如何测量自己的身体数据？依据自己的身高推算出标准的体型数据？

2. 如何合理搭配科学营养餐？

3. 为自己量身定制一个科学的运动加上营养食材搭配方案。

第三章

课题名称：服装模特的台步基础训练

课题内容：服装模特的基本功训练
服装模特的表演技巧训练

课题时间：64 课时

教学目的：模特的台步训练时通过基本步伐和转体、造型的练习，使模特掌握服装表演的不同表现方式。同时还对模特进行不同表演技巧的训练，以便于模特在不同的演出现场能更好地进行表演。

教学重点：1. 掌握并遵循台步训练中的原则和注意事项。
2. 掌握基本的走台及转体方法。
3. 掌握走台过程中几种基本的造型。
4. 掌握服装表演过程中饰物的运用。

教学方式：实践教学

课前准备：女模 10cm 高跟鞋，男模浅口皮鞋，准备慢、中、快不同节奏的音乐。

第一节 | 服装模特的基本功训练

一、走台训练

走台是服装表演的主要环节，表演能否成功，走台的基本功是关键。

1. **台步** 台步就是模特在 T 台上走步，但这种走步和日常生活中的走步有很大差别。人们通常把台步称为"猫步"，因为模特走台时双脚要在一条直线上行走。走台时，模特身体要挺起来，仿佛有一种向上拉动的力作用在身上，但不能发硬。脖子要直，头部要正，但不能僵。下巴要平，肩要自然下垂，双手要自然，忌挺腹撅臀，要挺胸收腹提臀。迈步时，出胯带动大腿，然后提膝，以小腿带动脚，走出直线，摆臂要自然，练习时以肩关节为轴，两臂自然伸直，前后交替摆动。台步要做到挺而不僵、柔而不懈。切忌内八字或外八字脚。模特练习走步时，要注意头、肩、胯、腿等部位的协调。

台步随模特着装款式需要而有所变化，如胯部摆动幅度的大小、步态的平稳度等。着休闲装、便装（新潮）的台步，胯部摆动可大些，运动装、青春活力装的台步可用跑跳步，也可用具有舞蹈成分的台步，旗袍、晚礼服一般采用慢步、步态要平稳。

（1）着鞋训练：着鞋练习有高跟鞋和平底鞋之分。高跟鞋一般鞋跟在 10cm 以上，鞋跟要用细跟。练习时，要以一字步（猫步）为根基（双脚在一条直线上行走），脚、腿、腰、头、手整体姿态协调有韵律感。行走时要有提胯的感觉。古人说："运上丹田气，精神勇气增"，可见如果小腹用上力气，行走效果会更好。穿高跟鞋行走时脚尖应先落地，穿平底鞋练习时脚跟先落地，但是要有脚尖先着地的感觉，以保证小腿和大腿在同一直线上，这样表演才能达到理想的效果。

（2）慢步训练：服装表演中常用步态。练习时，侧重加强身体平衡度的训练，注意脚落地时的身体重心，保持好身体平衡。晚礼服、旗袍表演时都需要慢步而行。

（3）台阶练习：大型服装表演中往往多运用造型台，在台上设置一些台阶，供模特行走。所以，模特在基本功训练时，要加强走台阶练习，以掌握要领。模特在上下台阶时，支撑腿要有力地控制住身体，保持平稳，使身体轻盈柔美，屈膝时两腿内侧靠近，外开的角度要小，节奏与平地表演要一致，靠近台阶时切忌停下来看路。步态训练如图 3-1 ～图 3-8 所示。

2. **转体** 模特走台时的转身基本可分 90°、180°、270°、360°、540° 或连续转等多种情况。90°、180°、270°、540° 多为转身改变走台方向时采用，360°、720° 为转身后行走方向不变时采用。目前，国内和国际市场的发展趋势，服装模特 T 台表演趋于简单从容，模特的转体也逐渐变得简单、大方、得体。在模特的转体动作中分为主力腿和动

服装表演训练教程

图 3-1

图 3-2

图 3-3

图 3-4

图 3-5

图 3-6

图 3-7

图 3-8

力腿，主力腿是承受动作的支点，动力腿是指动作中的腿。下面介绍几种常用的转体方式。

（1）侧位转体：服装表演时最为常用的转体形式，在造型亮相时个子高的模特可用八字步造型，个子稍矮的模特则可以将外侧点地的动力腿腿并回直立的主力腿旁边，这样会显得更加直立挺拔。侧面转体正面步态训练如图 3-9 ~ 图 3-12 所示，反面步态训练如图 3-13 ~ 图 3-16 所示。

图 3-9

图 3-10

图 3-11

图 3-12

图 3-13

图 3-14

图 3-15

图 3-16

（2）上步转体：服装表演中最为基础的转身技巧，主要包括以下转体。

90°上步转体：动力脚脚掌带动转体 90°，后脚并上，两膝内扣。90°上步转体正面动作如图 3-17、图 3-18 所示，反面动作如图 3-19、图 3-20 所示。

图 3-17

图 3-18

图 3-19

图 3-20

180°上步转体：动力腿带动转体助力腿向旁迈出，造型根据要求可留头或不留头。180°上步转体正面动作如图 3-21、图 3-22 所示，反面如图 3-23、图 3-24 所示。

图 3-21

图 3-22

图 3-23

图 3-24

360° 上步转体：先做 90° 转体，然后动力腿垂直向后打开，后脚跟上形成反丁字步，然后动力脚脚掌发力将身体转回正前方。正面动作如图 3-25 ~图 3-29 所示，反面动作如图 3-30 ~图 3-34 所示。

图 3-25　　　　　图 3-26　　　　　图 3-27　　　　　图 3-28　　　　　图 3-29

图 3-30　　　　　图 3-31　　　　　图 3-32　　　　　图 3-33　　　　　图 3-34

540° 转体有两种：第一种是在 360° 的最后一个造型上正转 180°，正面动作如图 3-35、图 3-36 所示，反面动作如图 3-37、图 3-38 所示。

图 3-35　　　　　　图 3-36　　　　　　图 3-37　　　　　　图 3-38

第二种是在360°上步转体的最后一个造型上反转180°，正面动作如图3-39、图3-40所示，反面动作如图3-41、图3-42所示。

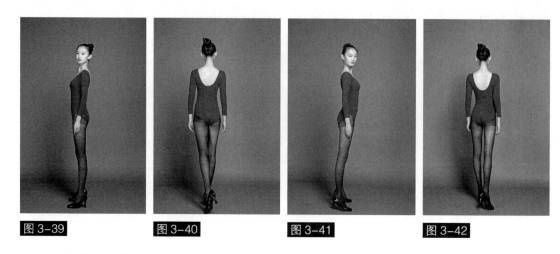

图3-39　　　　　　图3-40　　　　　　图3-41　　　　　　图3-42

（3）直接转体：双脚打开，直立造型侧向转身，正面动作如图3-43、图3-44所示，根据表演的实际需求也可做相反动作，如图3-45所示。

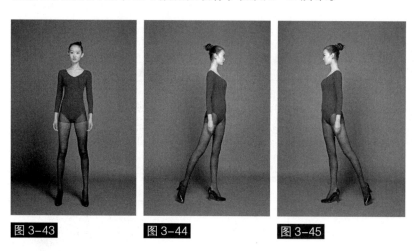

图3-43　　　　　　图3-44　　　　　　图3-45

二、造型训练

造型是用身体打破和占有空间的动作练习，主要通过脚位、手位和体位的变化来完成造型练习。模特的造型要与服装的主题相吻合，要理解服装的结构和流行趋势。造型是为了便于观众看清服装的结构，并作为动态走动的一种调节。做造型时模特身体要挺拔向上，并把握人体的均衡性，要有韵律感和造型感。

1. **丁字步造型练习**　包括正面向前丁字步，如图3-46、图3-47所示，和侧面45°丁字步，如图3-48、图3-49所示。

图 3-46

图 3-47

图 3-48

图 3-49

2. **八字步造型练习**　直立八字步如图 3-50、图 3-51 所示，屈膝八字步如图 3-52、图 3-53 所示，在前面几种八字步上手叉腰如图 3-54 ～图 3-57 所示。

图 3-50　　　　图 3-51　　　　图 3-52　　　　图 3-53

图 3-54　　　　图 3-55　　　　图 3-56　　　　图 3-57

3. 交叉步造型练习　如图 3-58、图
3-59 所示。

三、肢体语言训练

图 3-58　　　　　图 3-59

　　无论是模特还是普通人，优美良好的
体态总是给人赏心悦目的感觉。合宜的身
体形态是塑造有魅力外表的基础，模特的
体态训练尤为重要。

　　1. 基本站姿　模特最完美的站立姿
态应该是挺拔而修长的。训练时，将双腿并拢伸直，脚跟紧贴墙壁，将腰、背、头都紧贴
墙壁。双肩下沉向外打开，同时保持气息的上下贯通。在此基础上，将手向前水平伸直，
双腿贴墙上身尽量向前弯腰。抻拉腿部肌肉的效果，并使跟腱拉长。

　　2. 手的姿态

　　（1）常规手的位置：大多情况下，手及臂部摆动应自然、放松。避免太柔软或太僵
直。走台时，手臂摆动由肘关节带动，手指尖自然下垂放松。以普通的方式拿着一支铅
笔，放松手部并挪开铅笔，此时所形成的手型就是走台时所需要保持的基本手型。

　　（2）叠手：一只手自然垂放在身体前，将另一只手的手掌覆盖在该手手背上。叠手的
姿势可以使身体造型自然，有助于在镜头前保持手的固定。

　　（3）交错手指：叠放双手的另一种方式是轻轻地交错手指。手指在关节处而不是在手
指的根部交错时，手与手指看上去更修长、更迷人。如果要采用这种手的姿势，指甲应当
好好修饰。

　　（4）交错手臂：将手臂交错常常会给人一种不可接近的感觉。模特必须注意，当交错
手臂时，不要将所要展示服装的重要细节遮住，同时还必须确保手部保持良好的状态。

　　（5）手抚脸：将一只手放于脸部，要轻，不要推脸的皮肤，不要将手挡住脸。常用造
型是将手放于面侧，稍微地向后或者向前弯曲着手腕通常比夸张的弯曲效果更好。

　　（6）双手叉腰：一只手或者两只手放于胯上，同时保持手指指尖微微分开。男士在将
手放在胯上时手呈松的拳头状态。

　　（8）手插于口袋：将手指部插在口袋里会给人放松、自信之感。另外，模特运用此姿
态是因为口袋也是一个卖点。

　　（9）常规手姿：男士的手在保持半握拳时通常是最迷人的。手不要看上去太柔软，也
不要看上去因太紧张而握紧。女士当需要显示出一种随意的、运动的外表时，有时也会采
用这一姿态。例如，当穿着牛仔裤时，女模特或许会将她的手握成拳头放在胯上。

　　3. 脚的姿态　站立时脚的姿态在前面已经提到，下面介绍坐姿时脚的一些正确姿态。

　　（1）基本坐姿，脚处于基本姿态，膝盖与观众视角保持 45°。

（2）基本坐姿，双腿并拢，膝盖与观众视角呈 45°，脚踝交叉。

（3）侧对观众 45°坐姿，大腿交叠，离地腿脚尖朝下，双手交叠放于大腿上。

（4）男士在基本坐姿状态下，背部挺直，膝盖平稳与脚呈垂直状态。

四、面目表情及眼神训练

模特用面部表情来表达个性，不同性质的表演需要模特有不同的面部表情：机敏、专注、愉悦、兴奋、高贵等都是模特需要掌握的，以保证在每一场排练或演出中迅速达到导演或客户的要求。在任何活动中，模特的表情都要表现得很镇定，而不要将自恋、无趣、做作等消极情绪展露出来。

作为一名优秀的模特要学会控制面部表情，以达到所展示物品的状态。例如，若一名模特正常微笑时露出的牙龈过多，那么他应该学会稍微改变自己的笑容，从而改变这个问题。

人们常说："眼睛是心灵的窗户。"眼神是人心理动作的直接反映。通过眼神可以表现人的开心、激动、悲伤和痛苦等心理情绪。模特丰富的面部表情缺不了眼神的表达与传递，当模特表演时想要传达兴奋的感觉时，眼神却空洞、发呆，这时的表演就会显得很尴尬。模特的眼神要像舞蹈演员、戏剧演员一样能传神、会说话。

第二节 服装模特的表演技巧训练

好的训练方法和表演技巧可以令模特表演更加迷人、有效。

一、表演服装的运用

衣领运用：可以单手或双手扶衣领；双手翻衣领、系领带或领花。

衣袖的运用：展示蝙蝠袖时，可将两臂向侧展开；展示宽大衣、花边衣袖时，既可两臂侧向打开，也可单臂向侧打开，还可一手拉另一手衣袖。

口袋的运用：拇指插袋中，四指在袋外；四指插袋中，拇指在袋外；五指浅插袋中或五指深插袋中。练习时可单手做也可双手做。

衣带、裙带的运用：根据服装款式和系带方式的不同，可灵活运用衣带，可解带后，自然垂于腰部两侧，也可将衣带两端插入口袋中或以单手拿衣带。

裙子的运用：手拉裙子旋转；双手或单手提裙，若裙子很长，行走时可用脚轻轻踢开裙边。

脱衣的运用：敞开衣襟，用一手在身后拉另一手衣袖，脱掉一只袖子，再脱另一只袖子；双手各拿左右衣襟，将衣领身后下置，两臂保持在袖筒内，呈半脱状；然后，两臂继续向后伸直，使衣服自然向后滑落，用手接住衣领，可单手或双手持衣领。

拿衣的运用：单手拿住衣领将衣服搭肩上；用一手拿衣领由内向外将衣服搭另一手臂上；双手拿衣袖系于腰间；双手或单手体后拿衣领。

扣子的运用：主要是解扣，动作要灵巧敏捷，不要使身体其他部位动作变形，解扣的动作要与全身的动作协调。

二、饰物的运用

恰当地运用饰物，可以完成服装设计的整体感，为服装表演增色。

包的运用：包的种类很多，大小各异，根据包的不同特点，可单肩挎包，也可双肩背包；可单手拿包或双手拿包，也可手提包等。

围巾的运用：可单肩披巾，也可肩斜披巾，可双手持巾，也可单手持巾。

眼镜的运用：单手扶镜，也可单手拿镜，将眼镜挂在胸前或戴在前额等。

扇子的运用：双手开折扇或单手持扇，也可双手持扇。

帽子的运用：戴帽于头上，单手扶帽檐，也可双手扶帽。

伞的运用：可单手拿伞或双手拿伞，也可单手或双手持伞于肩上，可双手撑伞，也可双手持伞旋转等。

其他：如皮带、手套、鞋子等，以上所有饰物，可根据服装展示的主题与气氛，设计出多种样式，幅度可大可小，具体在于灵活掌握运用。

思考与练习

1. 简述服装模特的转体分类。
2. 简述服装模特的造型分类。
3. 简述服装表演中饰物如何运用。

服装表演训练教程

课题名称： 服装模特的形体训练

课题内容： 芭蕾基础训练
中国古典舞基础训练
中国古典舞身韵训练
有氧健身减肥训练

课题时间： 32 课时

教学目的： 模特形体训练一方面是通过芭蕾、中国古典舞的肢体动作练习，纠正模特的形体，提高身体的控制能力以及动作的协调性及韵律感，增强身体表现力和动作的美感，从而提升模特的气质。另一方面通过徒手或利用器械，进行专门的素质能力训练和减肥训练，从而达到改善模特形体，提高身体灵活性、可塑性。

第四章

教学重点： 1. 了解形体训练的特点和作用。
2. 掌握形体训练的内容和要求。
3. 训练学生身体的柔韧度、灵活度和协调性。

教学方式： 实践教学

课前准备： 观看形体训练的相关视频和书籍，针对学生实际情况准备教案。

第一节 | 芭蕾基础训练

芭蕾（Ballet）一词源于意大利语"Ballo"，译为跳或跳舞，其艺术孕育于意大利文艺复兴时期（14 ~ 16 世纪），17 世纪诞生于路易十四的法国宫廷并日臻完善，19 世纪末期在俄罗斯达到发展的顶峰。芭蕾舞在四百余年不断发展和完善的过程中，对全世界都产生了很大的影响，流传极为广泛，至今已成为世界各国都在努力发展的一种国际主流舞蹈艺术形式。

芭蕾的基础教学训练，可培养模特自身的气质及舞姿的美感，提高模特的艺术修养和审美，为日后诠释及塑造相应风格的人物形象打下良好的基础。

一、基本手位与腰

动作要领：一位，双手在身体前自然下垂，形成圆弧形，小手指位于两胯位（图 4-1）。

二位，在一位基础上，上臂上提，将手抬至胃部正前方（图 4-2）。

三位，保持手型不动，上臂继续向上抬至头顶，手在视线内（图 4-3）。

四位，一手在头顶保持不动，一手于身体前落下至胸前方，掌心向内（图4-4、图 4-5）。

五位，头顶上方的手型保持不动，胸前手由上臂带动向旁打开至体侧，与肩同高（图 4-6、图 4-7）。

六位，体侧手不动，位于头顶手由体前落下至胸前，掌心向内（图 4-8、图 4-9）。

七位，体侧手不动，胸前手打开至体侧，与肩同高（图 4-10）。

图 4-1

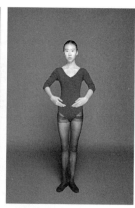

图 4-2

图 4-3

图 4-4

图 4-5

图 4-6

图 4-7

图 4-8

二、基本舞步与脚位

1. 基本舞步

动作要领：行径舞步：擦地绷脚迈步，脚心有抓地感。

芭蕾步：动力腿绷脚向旁迈步，同时将重心从主力腿转移到动力腿上，主力腿在动力腿后侧踏步点地，身体随动作方向倾倒 30°，手型由七位变六位。

2. 基本脚位

动作要领：正步位：双脚并拢，同时脚跟、脚尖都要并拢（图 4-11）。

八字步：双脚脚跟并拢，脚尖打开，两脚呈直角（图 4-12）。

图 4-9

图 4-10

三、地面练习

1. 勾绷脚

勾绷脚是指在双脚运动的过程中训练脚趾、脚掌、脚踝的训练方式。

动作要领：勾和绷都要到极限；是指勾脚脚尖最大限度地勾起，脚跟向远蹬，脚与腿部形成勾曲式造型，绷脚脚

图 4-11

图 4-12

图 4-13

图 4-15

图 4-14

图 4-16

图 4-17

踝伸展，脚背向上拱，脚尖向下压，与腿部形成一个流线形造型（图 4-13、图 4-14）。

2. **吸伸腿** 地面的吸伸腿，是针对初学者，为了训练其腿部的延伸感和脚背脚尖的发力，同时也训练膝关节的灵活性。

动作要领：吸腿、注意是用膝盖带起，脚趾紧贴另一条腿和地面；伸腿时用脚背带动，有控制地伸直；腿从高处落下，要有控制地慢慢往下落（图 4-15 ～图 4-19）。

四、小跳与大跳

1. **原地小跳** 原地小跳是训练掌握起、落的方法（即蹲→推→落三个过程的方法），着重训练脚的灵活和踝关节的力量、速度，它是为以后舞姿或技巧中的跳奠定基础。在做小跳的训练时可在一位、二位、五位换脚进行单一的训练，之后再进入组合。

动作要领：

下蹲要注意膝、踝关节松弛，膝盖对着脚尖、脚心踩实不可倒脚。

图 4-18

图 4-19

起跳时全脚向上推蹬地面，快速绷到脚尖，强调脚与地面的推蹬关系；离地时要提胯、立腰。

注意气息的运用，要贯通，不能憋在胸上（图4-20～图4-22）。

2. **分腿跳** 分腿跳有两种，一种是25°分腿跳，另一种则是90°分腿跳（即分腿跳）。

25°的分腿跳是分腿跳的基础，主要训练双腿离地时快速踢腿的能力；分腿跳则是要求双腿踢到90°在空中形成竖叉的姿态。它是训练学生腿部爆发力最好的方法。

动作要领：要求快推起、空中快分腿、落地要控制；中段腰保持住，直腰、拔背；要求双起双落（图4-23、图4-24）。

3. **单腿变身跳** 动作要领：单腿变身跳是单起单落，错步后，主力腿向上蹬起，动力腿踢起90°，同时身体快速拧转向后，落地时主力腿单腿落地，并将上身控制保持直立。

单腿变身燕式跳（在单腿变身跳时，主力腿快速吸回）。

4. **凌空跃** 凌空跃是空中有"抛物线"的大跳，它由快速向前擦踢腿、提胯、向后推蹬腿而产生的胯在腾空过程中的重心移动，双手经过芭蕾手位1位、2位打开至7位，双手起到帮助腰背挺拔、结实的作用。

动作要领：把上移重心的训练，动力腿前腿90°控制，主力腿在立半脚掌的基础上上推地向前迈落成抬后腿的半蹲姿态。

图4-20

图4-21

图4-22

图4-23

图4-24

第二节 | 中国古典舞基础训练

　　中国古典舞（Chinese classical dance）始于中国古代，历史悠久，博大精深，它融合了许多武术、戏曲中的动作和造型，注重眼睛在表演中的作用，强调呼吸的配合，富有韵律感和造型感，形成独有的东方式刚柔并济的美感，令人陶醉。中国古典舞主要包括基训、身韵、身法和技巧。基训是舞蹈基本功训练基础；身韵是中国古典舞的内涵，比如两个人跳同样的动作、舞蹈，韵味则不同；身法则是指舞姿还有动作；技巧则是在掌握一定的基本功后，做一些有难度的"跳、转、翻"。起源于中国传统文化的古典舞强调"形神兼备，身心互融，内外统一"的身韵。身韵是中国古典舞的灵魂。神在内而形于外，"以神领形，以形传神"的意念情感造化了身韵的真正内涵。

一、把杆基础训练

　　1. 压腿　压腿是解决腿部韧带软度的基础，只有将韧带拉长，才能完成具有一定幅度的姿态动作。压腿时脚尖的形态分为勾脚和绷脚，勾脚可以拉伸跟腱以及腿部后侧的肌肉，绷脚可以使腿部肌肉形态延长。

　　动作要领：前压腿时，主力腿与动力腿脚尖方向一致，收胯、直膝、绷脚尖，动力腿由大腿根开始向外开；向下压时，后背直立，用小腹去贴大腿（图 4-25 ~ 图 4-27）。

图 4-25　　　　　　　图 4-26　　　　　　　图 4-27

　　后压腿时，要求直膝、立腰，主力腿向下蹲时膝盖外开，向后压时，腰要摆正（图4-28、图 4-29）。

　　2. 甩腿　甩腿是腿的幅度训练的重要手段，更是"轻下身"训练必不可少的训练步骤，腿部松弛、有力、流畅不仅仅在舞蹈中需要，作为模特，腿的灵活与稳健更是一切的基础，因此在形体训练中，腿功的训练要狠抓，要踢透。

动作要领：向前踢腿，单手扶把杆，小八字步，收胯、直腰、直膝，主力脚向下踩结实，大腿根向上拔；双腿同时从髋关节向外旋，动力腿在收胯的基础上直膝绷脚，力量一直贯穿至脚尖（图4-30）。

向后踢腿，先双手后单手把杆，小八字步站立，基本要求与向前踢腿一致，此外主力腿重心应根据动力腿向后的方向做出调整（图4-31）。

3. **前吸后伸腿** 双手扶把杆，向前吸腿到90°，由脚尖带动腿向后伸长，力量要从脚尖延伸出去（图4-32、图4-33）。

二、把下能力训练

1. **擦地** 擦地主要训练的是脚与踝、脚心与地面的关系，是训练模特脚下控制力的基础。

动作要领：从髋关节处外旋，一位脚站立，强调收腹、立腰、沉肩、提胯，在保持身体的直立下，向前、旁、后做擦地：①向旁擦地时全脚摩擦地面由脚跟推送至脚趾尖，收回时延擦出路线由脚跟带动经由半脚掌，向主力脚靠拢。②向前擦出时，右脚后跟内侧主动向前擦，向正前方延伸至脚尖，并尽量外旋，收回时由脚尖带着收回。③向后擦出时由脚尖主动带动向后擦，向正后方延伸并绷到头，尽量将脚跟向下压，同时重心向前上方推移，动力腿一侧的后背与动力腿大腿内侧形成

图 4-28　　　　图 4-29

图 4-30　　　　图 4-31

图 4-32　　　　图 4-33

前后反方向的延伸感，收回时由脚后跟内侧主动往回带（图4-34、图4-35）。

2. **蹲和半脚掌** 在舞蹈训练当中，蹲是基础中的基础，一切的动力都来源于蹲。蹲是双腿在不同的脚位和节奏上，进行弯曲、伸直的训练。它对拉长跟腱韧带、加强膝关节和踝关节的柔韧度都有很大的作用。蹲是脚与地面产生的反作用力，一个好的蹲是完成跳的基础。

动作要领：身体要保持直立，从髋关节到脚掌向外旋。

半蹲时，要注意保持上身直立，踝关节松弛，双脚稳稳地踩在地面上。

起时要用脚掌发力推起。

在半蹲的基础上继续往下蹲，到最大限度时，使脚跟被迫抬起，即是全蹲（图4-36）。

半脚掌：通过推立半脚掌的训练，可加强脚、踝的力量。训练时，在一位上练习单脚的推立训练，再到双脚，随后两脚交替练习（图4-37）。

图 4-34　　　　　图 4-35

图 4-36　　　　　图 4-37

3. **控制** 腿部的控制训练，是在胯以上身体不动的基础上，由髋关节处外旋，脚背带起，直腿向上抬至30°～90°及开胯的训练，它可以有效训练肌肉的线条，同时也可增强髋关节的灵活性。

动作要领：控制起腿，可经过擦地或吸腿。

绷脚背，腿外旋，力量延伸到脚趾。

控制时，胯要收回，保持双肩与两侧胯点四点一面，后背直立且向前推，大腿不要用力（图4-38～图4-40）。

图 4-38　　　　图 4-39　　　　图 4-40

4. 腰 "以腰为心，发于腰，而达于稍"这是古典舞训练的核心。在古典舞训练中，腰是动作之源，起着"承上启下"连接协调上身与下身的作用。古典舞中很多技术技巧和舞姿造型需要腰部的特殊能力才能完成。腰的训练主要以胸腰、大腰、舞姿腰训练为主。

动作要领：胸腰：在托掌的手位上向后一节节下腰，与地面平行。

大腰：向前弯腰时双腿并拢直立，上身向前弯曲，小腹尽力贴近大腿，双手抓脚踝。双膝绷直，没有空隙，起腰时上身保持平直状态，直到完全站直。向后弯腰时双掌上托向后下腰到最大限度，同时向上顶胯。起腰时双脚向下推蹬地面，夹臀、顶胯，由托掌引领一节节立直还原。向旁弯腰时要求提胯、沉肩（图4-41～图4-43）。

舞姿腰：单腿前点地前、后腰（图4-44、图4-45）。

单腿后点地前、后腰（图4-46、图4-47）。

大掖步腰（图4-48、图4-49）。

图 4-41

图 4-42

图 4-43

图 4-44

图 4-45

图 4-46

图 4-47

图 4-48

图 4-49

第三节 中国古典舞身韵训练

一、身韵基本元素

中国古典舞身韵的元素是以腰为轴的动律元素，在实际运用中是不可分割的整体，这些动律元素是由心意带动呼吸，而又由呼吸去支配腰部而体现。它是初步掌握身韵"形、神、劲、律"统一的诀窍。

1. **提、沉** "提沉"是躯干上下的动律；一般从动律来讲应该先做"沉"而后"提"。"沉"在盘坐的姿态上，通过呼气使气息向下沉，感觉气沉丹田，同时从腰椎开始一节一节下压形成含胸低头状。在沉气的过程中，眼皮随之徐徐放松。"提"与"沉"的动律相反，在其基础上吸气，即由丹田提至胸腔，同时从腰椎开始一节一节直立，感觉头顶虚空，气息提至胸腔后，要继续向上延伸，眼皮随之松开，瞳孔放神（图4-50、图4-51）。

图4-50   图4-51

2. **冲、靠** 冲和靠是在提沉的基础上做躯干"斜移"的动律。

"冲"在"提"的动作过程中，用肩带动身体向左前方或右前方水平推出，将侧腰肌拉长，视线和头跟随身体的动作的方向（图4-52）。

"靠"在"沉"的过程中，用肩后与侧肋部带动向左后方或右后方靠出，感觉前肋向里收，背后侧肌拉长。要求肩与地面保持平行，切忌往后躺。上身若向右靠，头微向左转，眼睛平视（图4-53）。

3. **含、腆** 含和腆是上身在"提""沉"的基础上，向前和向后做最大限度的动作。

"含"在沉的基础上加强胸腔的含收，同时双肩向里合挤，使腰椎形成弓形、空

图4-52   图4-53

胸、拔背、低头。

"腆"与含是相反的运动，它是在提的过程中，双肩向后掰，胸尽量向前探，头微仰，使上身的肩胸完全舒展（图4-54、图4-55）。

4. **横移**　移是腰肩进行左右水平运动的动律。要求肩部在腰的发力下向左或向右的正旁移动，它与地面形成平行的水平运动，头部与其运动方向相反。横移要有不断地延伸感（图4-56）。

5. **云肩转腰**　从舞蹈的角度来讲，将前面所讲的身韵的基本动律"提、沉、冲、靠、含、腆、移"贯穿起来做，所形成的动作就是"云肩转腰"。它是古典舞平圆动作的基础，掌握后有利于舞姿的完成。

动作要领：地面盘坐，以腰为轴上半身做360°的平圆运动。云肩转腰可单独做、加单臂、双臂、加脚位等（盘坐加手的形态）。

二、基本手位

基本手位，是指由双臂在不同位置配合而成的不同状态，在古典舞传统中将它们固定为常用手位：山膀、按掌、托掌、顺风掌、托按掌、双托掌、山膀按掌。

山膀：双臂向旁拉开，与肩同高，掌心朝外，兰花指中指指跟向外推，大臂架圆，用力向外（图4-57）。

按掌：手在胃前一拳的距离，大臂架圆，兰花指斜向下压（图4-58）。

托掌：手位于头顶，掌心朝上，手臂微微弯曲，手与胳膊形成一条弧线（图4-59）。

图 4-54　　　　　　　　图 4-55

图 4-56　　　　　　　　图 4-57

图 4-58　　　　　　　　图 4-59

顺风掌、托按掌、双托掌、山膀按掌分别如图 4-60、图 4-61、图 4-62、图 4-63 所示。

图 4-60

图 4-61

图 4-62

图 4-63

三、基本脚位

基本脚位，是指双脚在不同位置配合形成的不同姿态，它主要配合手位形成一定的舞姿，主要包括大八字步、丁字步、踏步、前点地步等。

大八字步：双脚中间打开约一个脚掌的距离，脚尖打开，使双脚形成一个 90° 的直角（图 4-64）。

丁字步：双脚呈前后站立，前侧脚脚跟对着后侧脚脚心，头和脚尖对 8 点❶，身体对 2 点，小腹收紧、气息上提（图 4-65）。

踏步：在丁字步的基础上，后脚自然向后踏，形成踏步（图 4-66）。

前点地：在丁字步基础上，前侧脚向前虚点，上身微微横拧（图 4-67）。

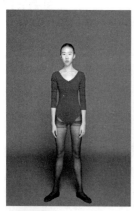
图 4-64

图 4-65

图 4-66

图 4-67

❶ 8 点：舞蹈术语。教室方位场地的正前方为"1 点"，"右前、右旁、右后"分别为"2、3、4 点"，正后方为"5点"，"左后、左旁、左前"分别为"6、7、8"点。

四、舞姿训练

1. **旁提** 它是躯干的"弧线"动律，是完成体态线条感很重要的动律元素。在往上提的过程中，身体外侧肋条向上带起，形成一轮弯月状，注意以腰带肋，以肋带肩，一节节往上提，最后形成旁提状。

动作要领：头部要随动律而动，做180°转。眼睛也随头部环视180°，并

图4-68　　　　　图4-69

且在身体和头部动作结束后还要继续延伸。整个身体强调由上往下的抻长感，切忌做成弯腰（图4-68、图4-69）。

2. **穿手** 穿手顾名思义就是穿和刺，动作干脆利落、迅速。练习这一动作实际是练习敏捷、利落的身法，它贯穿于各种连接动作当中。古典舞中，穿手有很多训练模式，在这里仅介绍最基础的三种。

单臂上穿：小臂有内旋变外旋的过程，形成三位手时腰尽量伸直。

双臂交叉穿：一只手手背做"切掌"，另一只做穿手，最后停在顺风旗的舞姿上。

平穿：手掌带动，掌心朝上在身体前作平圆运动，身体随手臂做拧腰（图4-70、图4-71）。

图4-70　　　　　图4-71

3. **云手** 舞蹈当中的云手，是兼并了戏曲中的内涵神韵和武术中的力度、幅度而成，在古典舞当中，云手有一个口诀即是"眼睛随手走，硬中含着柔。六方含饱满，双手带双肘。拉开走弧形，三节撑中收。"由此可见，云手不仅仅是双臂的运动，还包含了身法、步法为一体的运动。

基本云手：双手在胸前交叉配合时要感觉像在揉一个圆球，同时身体要有提、仰、含、沉，眼先随上手，后随下手。节奏与"云肩转腰"一样。

冲靠云手：在基本云手的基础上加上向前迈步移重心和向后靠回（图4-72~图4-75）。

4. **风火轮** 风火轮是古典舞中最常见的连接动作，它的动势突出的是"抡"。在做风火轮这个动作时，一般都与"扑步"相结合。

动作要领：由双臂的运动构成身前一个立圆、身后一个立圆，通过腰的横拧、仰、倾

图 4-72

图 4-73

图 4-74

图 4-75

连接而成。在做动作时，要步子大、幅度深、速度快、发力猛才能形成"风"、"火"的感觉。练习时，可分解练习，前腰、两侧旁腰、后腰四个方向单独训练后再连起来做。

扑步：在旁弓箭步的基础上，上身尽量向前俯。重心放在屈膝腿上，手在双山膀，重心一侧的手略高，眼睛和头看向下面手（图 4-76 ~ 图 4-79）。

图 4-76

图 4-77

图 4-78

图 4-79

第四节 | 有氧健身训练

一、基础身体素质训练

1. **腹部训练** 优美的腹部线条是模特形体美的重要部分，腹部肌肉群的能力能够加强模特身体的灵活性，也能有效地保持完美身材，模特根据图 4-80 ~ 图 4-85 所示动作训练，每个动作做 3 组，30 个为一组。

图 4-80　　　　　　　图 4-81　　　　　　　图 4-82　　　　　　　图 4-83

图 4-84　　　　　　　图 4-85

2. **腿部训练**　细长而紧实的腿部线条是模特必须具备的。将图 4-86 ~ 图 4-91 所示动作一次完成再还原，每个位置停顿 20 秒。

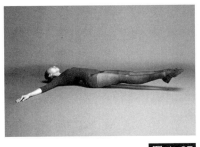

图 4-86　　　　　　　　　　　图 4-87　　　　　　　　　　　图 4-88

图 4-89　　　　　　　　图 4-90　　　　　　　　图 4-91

3. 臀部及腰背训练 背部肌肉是模特中段能力训练的基础，在训练背部的同时，还要上提臀部线条，这样才能拥有完美的体型（图 4-92 ~ 图 4-97）。将下列动作做 30 次 / 组，每个动作做 3 组

图 4-92

图 4-93

图 4-94

图 4-95

图 4-96

图 4-97

二、有氧健身减肥训练

健美操的运动形式是人们根据需要而人为地创造动作去进行练习。为了达到增强体质的目的，健身操可以科学地通过改变身体姿势、动作方向、动作路线、动作频率、动作速度和动作的节奏进行调节。

国内外流行的健美操大致分为六类：按不同年龄编制的系列健美操；按不同性别编制的男女健美操；按人数多少编制的单人、双人和集体健美操；按塑造形体和改善体姿与体态编制的健美操；按锻炼身体各个部位编制的健美操；按以徒手或轻器械运动方式编制的健美操。

综上所述，健美操是融体操、音乐、舞蹈于一体的追求人体健康与美的运动项目，因此，健美操具有体育、舞蹈、音乐、美育等多种社会文化功能。通过健美操的锻炼达到改善体质、增进健康、塑造体型、控制体重、愉悦精神、陶冶情操等"三健"目的。社会封

服装表演训练教程

誉健美操的桂冠很多：健美操、健美舞、健身操、健身舞、健康舞、有氧操、有氧舞蹈、有氧运动等。

这里针对模特的训练，主要讲述有氧健身操、踏板操和哑铃操。

1. 有氧健身操（图 4-98 ~ 图 4-101）

★动作一：开脚点地（图 4-98）

单一开脚点地：双脚打开略大于肩，经过半蹲、移重心、直立点地，左右反复动作（5 个八拍）。

手臂动作：握拳曲臂，左右手上下交替（4 个八拍）；直臂向上，左右交替（4 个八拍）；曲臂转体（4个八拍）。

图 4-98

★动作二：后踢（图 4-99）

单一后踢：小腿勾起（4 个八拍）。

手臂动作：手臂的旁开、前合（4 个八拍）；左右曲臂（5 个八拍）。

★动作三：前吸抬腿

单一的吸抬腿：大腿向上吸起贴至小腹，绷脚尖，小腿与大腿成 90° 角（4 个八拍）。

手臂动作：双手向前曲臂（4 个八拍）。

图 4-99

★动作四：侧边走（图 4-100）

单一侧边走：四步，迈步在前，跟步在后，第四步旁点地（4 个八拍）。

手臂动作：第一拍向旁拉开，第二拍向上交叉，第三拍还原，第四拍胸前击掌（8 个八拍）。

开合跳：侧边走接上两个开合跳（4 个八拍）。

手臂动作：左右横向摆臂，开合跳时，手臂上下摆动（4 个八拍）。

图 4-100

★动作五：前抬侧踢（图 4-101）

单一前抬侧踢：左腿吸抬腿，右腿侧踢腿（4 个八拍）。

手臂动作：前抬腿时双手曲臂，侧踢腿时，向旁摆臂（4 个八拍）。

★动作六：侧前点地开合跳

单一动作：向前左右点地各一次，退回原地，开合跳一次（9 个八拍）。

图 4-101

手臂动作：左右屈臂，前合，向上抬（8个八拍）。

★动作七：并腿跳

单一动作：双腿直立，前脚掌着地受力蹦起，摆臂（4个八拍）。

★动作八：前踢腿

单一动作：左右交替向前踢腿，手臂向上摆起（4个八拍）。

★动作九：侧踢腿

单一动作：左右小腿交替向侧面提出，手叉腰（4个八拍）。

★动作十：十字步

单一动作：（4个八拍）

手臂动作：曲臂左右转体（4个八拍）。

组合

在动作一前，动作三、动作四后分别加（4个八拍）踏步。

结束四个八拍、踏步、抖手、放松。

2. 哑铃操　哑铃是人们健美练习的常用器械，辅助训练可以增加人体肌肉量，提高新陈代谢水平。哑铃重量较轻，非常适合体能较差的肥胖者，但用哑铃锻炼应以不感到过分疲劳为宜。因此，哑铃运动与剧烈运动的减肥法原理有所不同。专家认为做哑铃操可以使人体的肌肉组织渐渐发达，即使在不运动的时候也能多消耗能量，成就一个不容易胖而且充满活力的身体。哑铃操，能够锻炼所有瘦腰必须牵涉的肌肉，可以加强身体核心肌肉、髋部附近的肌肉、背部下方肌肉，以及腰腹肌肉。这个运动不但能够纤细腰身，而且还能改善姿态。

在做哑铃操之前要做好充分的热身运动，最后的放松也很重要，这有利于肌肉向长线条、流线型发展。刚做哑铃操，肌肉和关节会有点疼痛，运动后要适当休息。

动作一：肩部运动，双手握哑铃自然下垂，做耸肩和绕肩，可同时也可交替（图4-102）。

动作二：双脚打开大八字，大臂夹紧，屈小臂练习，充分练习后可加上左右顶胯。

动作三：面朝3点或7点，前弓步，后背拉长向前趴，一手扶腿，一手向后伸直，做小臂的屈伸。

动作四：双脚大八字，大臂向前抬起，可匀速，也可做几次小的颤动。

动作五：双臂打开到两侧，伸直向上，做开合的动作，可加上左右顶胯。

动作六：身体向前趴90°，手臂垂直地面，做摆臂运动（图4-103、图4-104）。

动作七：身体向前趴90°，手垂直地面，然后直腰，同时把手向上抬起立直。

图4-102

动作八：向 1 点迈弓箭步，手臂做上下的开合，膝盖随手臂动作落下时弯曲（图 4-105、图 4-106）。

动作九：向旁迈弓箭步，单手直臂在身体前，移重心时将腿提起 45°，手臂向旁打平。

动作十：双手曲臂肩前，脚下左右移重心点地，同时手向斜方向伸出。

图 4-103

图 4-104

图 4-105

图 4-106

3. 瑜伽抻拉训练 站立姿势，双腿尽量打开（图 4-107）。

右脚脚尖向外打开 90°；

呼气，右腿屈膝，检查膝关节与脚后跟垂直（图 4-108）。

吸气，双手侧平举，掌心向下；

呼气，右腿屈膝，将右手放在右脚前方的地板上（图 4-109）；

吸气，抬高左手，眼睛看向左手指尖方向，尽量使左手、左腿保持直线；

呼气，放下左手，身体转过来完全面向右腿，双手置于右腿两侧（图 4-110）；

吸气，左腿绷直向上抬高（图 4-111）；

图 4-107

图 4-108

图 4-109

图 4-110

图 4-111

呼气，尽量将腹部、胸部、头部靠向右腿；

慢慢放下左腿，双腿并拢，膝关节挺直，双手合十；

吸气，手臂朝最远的方向伸出，带动身体慢慢复原；

呼气，打开双手慢慢放松；

左脚向后一步，双脚打开。

重复一次反方向动作。

思考与练习

1. 服装表演模特的形体训练目的是什么？

2. 中国古典舞的训练特点是什么？

3. 芭蕾舞对模特的训练价值是什么？

第五章

课题名称：服装表演的多元化方向发展

课题内容：服装模特肢体语言升华
　　　　　　服装模特自身素质的提高

课题时间：4 课时

教学目的：使学生了解音乐、舞蹈与服装表演之间的练习，理解艺术融
　　　　　　会贯通，它们之间相互依存、相互作用、协调统一的关系，
　　　　　　通过艺术各方面的修养提高模特自身素质。

教学重点：1. 使学生了解服装表演中舞蹈的意义。
　　　　　　2. 使学生了解服装表演中的音乐及其表现形式。
　　　　　　3. 使学生通过不同艺术形式提高自身素质。

教学方式：理论教学

课前准备：观看不同形式的服装表演。

第一节 服装模特肢体语言升华

一、舞蹈在服装模特训练中的重要性

1. **塑造优美的肢体线条** 随着社会的发展和进步，人们审美水平的日益提高，服装模特的挑选条件也在随之严格。越来越多的模特候选人身材高挑、四肢修长。但在众多这样拥有先天优越条件的人群中，很多人由于生活习惯而导致驼背、探脖、端肩、扣膝等不良习惯，而这些将成为一名模特走向成功路的绊脚石。

舞蹈培训中的挺胸、抬头、收腹能使他们站的直立，形体优美，并且还能纠正驼背、端肩等形体问题。例如，舞蹈的基本站姿要求沉肩、拔背、脚踩地、头顶天的感觉，可以使人的气场扩大。另外，在进行踢腿、甩腿和跳跃的训练时，可以迅速有效地拉伸人的肌肉线条，训练肌肉快速收紧的感觉（图5-1）。在模特进行泳装表演时，展露出来的肌肤是紧致，而不是下垂的。

2. **训练身体柔韧度与灵活性** 模特是一个看似轻松，实则辛苦的职业。鞋跟10cm以上的高跟鞋是女模特工作不可缺少的一部分，而通常在模特工作时会被要求做不同造型，这时不仅需要模特有超强的耐力，还要有一定身体柔韧度和灵活性，能够迅速完成导演和客户要求的动作，以达到最佳工作效率（图5-2）。

而舞蹈训练中恰恰经常会练习压腿、下叉、下腰等软开度的动作，经过训练后，不仅身体柔韧性和灵活性增加，还能提高模特力量、控制、稳定性、耐力等方面的身体素质。

3. **训练肢体协调性** 模特的表演需要肢体协调，节奏准确，这样观众看起来才会感觉到美。舞蹈的训练需要全身各部位的配合，通过音乐与舞蹈动作的和谐达成动作协调性的训练，使模特更有节奏感。

4. **培养动态美感与表现力** 舞蹈训练时通过音乐、动作、表情、姿态表现人的内心世界，模特进行舞蹈训练，能使他潜移默化地接受到艺术表演的熏陶，使之在表演的过程中发现美、欣赏美、体验美，增强对美的表现（图5-3）。

5. **培养肢体的情绪化** 服装表演与舞蹈都是肢体语言艺术。无论是模特还是舞者，在舞台上表演时是不允许进行语言的交流，所有对作品的诠释、情感的展现都要通过肢体、眼神去表达。舞蹈训练时经常会强调用身体说话、用眼睛说话。模特进行舞蹈训练，可以加深肢体的情绪化（图5-4）。

图 5-1

图 5-2

图 5-3

图 5-4

二、舞蹈元素在服装表演中的表现方式

1. **显于形**　在服装表演中，根据服装或导演的要求，会需要做一些造型，里面都有一定的舞蹈元素，或者是模特进行平面拍摄时也会被要求做一些有舞蹈元素的动作。

2. **传于神**　在服装表演的过程中，加入舞蹈动作、眼神的传递与交流，可以使观众更容易身临其境、感同身受。

3. **助于兴**　在众多的模特大赛和服装表演中，会加入一些舞蹈表演或者舞蹈片段，可以用来营造气氛、强化主题的效果，增加表演的观赏性（图5-5）。

模特：李天桅

图 5-5

|第二节| 服装模特自身素质的提高

一、流利标准的语言表达是模特的必修课

1. **独具魅力的声音与交谈技巧** 虽然模特是一种以表演为主的职业，但是个性化是一个很重要的方面。优秀模特应该具有气质的表情、才智和个性，同时还要有介绍自己的表演能力，这样可以增加成功的机会。

当模特在参加面试时，声音虽然不是一个成功的关键因素，但是如果拥有悦耳的声音和良好的交谈技巧后，将会提升他的整体职业形象和个人风格，并且对开发他潜在的客户和对自己职业生涯起着重要的作用（图5-6）。

2. **保持良好的人际关系** 模特是一种处理人际关系的职业，与同事、客户之间的关系会直接影响模特的工作。良好的人际关系有助于自我推销：

模特：姜美竹

图5-6

学会熟记你见到人的姓名；

平等地对待身边每一个人；

要积极、乐观向上；

不要对他人恶言相向；

展示自己的热情，学会感恩；

站在他人的角度看问题；

和身边的人多保持联系。

二、服装模特着装法则

作为一名服装模特，不仅要在表演时展示自己的风格与个性，在生活中，他们更要对衣着有一定的品位和了解，有助于提升模特在职业领域的成功。

1. **了解服装原则及法则** 服装的四条原则是线条、细节、质地和颜色。

线条是指衣服的板型或身形。例如，一条裙子有喇叭型、A字型、直筒、原型。衣服

模特：张新成

图 5-7

模特：郭志为

图 5-8

服装表演训练教程

的线条影响着人的体型和身材比例，虽说大多模特的身材比例都很好，但挑选一件特定的衣服线条会将身材衬托更完美。例如，脖子稍短的模特，可以选择 V 字领或开领的衬衫，尽量避免套头高领的毛衣（图 5-7）。

细节是指花边、扣子、装饰性的边饰以及珠宝、围巾等配饰。这些都是构成时尚外形的必需品，好的细节会起到画龙点睛的作用。

质地是指衣服面料的手感和结构。四种天然的纤维（丝、毛、棉、麻）和许多种人造面料提供了多种质地面料的选择。模特虽然不必要了解专门的面料生产过程，但是应该了解面料的特质和它们是如何影响服装的表现（图 5-8）。

颜色对通过衣着产生不同的外表很重要，作为一名服装模特应该像了解现在的流行色彩一样，了解哪些色彩可以丰富个人色调（眼睛、头发和皮肤的颜色）。许多模特发现用纯色的衣服搭配比较容易，虽然达不到惊人的效果，但还是非常不错的，同时它们还经济，不同纯色的衣服可以交换进行搭配穿着，饰物在这样的搭配上点缀，是非常好的选择。

2. 利用时尚的基本原则　通过阅读时尚杂志来增加对时尚的感悟是一个很好的手段，高端的杂志例如《服饰与美容》（Vogue）、《世界时装之苑》（ELLE）、《时尚芭莎》（Harper's Bazaar）都是非常好的选择。研究流行资讯，记录每一个时尚所要展现的发型、彩妆和装饰物（图 5-9）。

留心观察什么样的衣着打扮有助于提升个人形象，并将这些观念应用到个人生活形象塑造及服装表演中。例如，需要展

模特：闫　飞

图 5-9

示商务装时，那么就要了解商务人士平时的着装及生活习惯。

还有一个增加时尚创造力的方法是准备一本时尚笔记本，用这个笔记本来记录所看到的服饰搭配的观点，以及如何穿可以产生这种形象或突破这种形象。

三、良好的礼仪修养是模特的名片

在服装表演中，模特通过表演、走台和表情来向观众展示。而当他们走下舞台时，外表、行动、说话、穿着、笑容、反应都组成了他的个性，并会将这些留给潜在的客户印象里，好的模特应该具有赢得客户的魅力和促使客户喜欢他所展示产品的能力。这就需要模特有良好的礼仪修养。

微笑，能传播欢乐。它应该是真诚、热情和令人愉悦的。

积极乐观，在生活和工作中，要给人聪明伶俐的印象，但不能咄咄逼人。多谈论积极向上的话题，避开消极严肃的话题。

多体谅别人，请以亲切的"你好"来称呼对方，并养成说"谢谢"的习惯。

多注意他人，和客户交谈时，除非他要你说，多给别人说话的机会。

要自信，在尽力使别人喜欢自己的同时注意把握平衡，取信于人。

四、服装模特音乐素质的培养

从人类文明创造开始，音乐和服装的动态展现就是有关联的。从美学角度来讲，音乐是时间的艺术，是流动过程中最具丰富表现力的艺术，它通过声音的传递将情感融入人的心灵。服装表演是时间和空间的结合体，其表演受到人体和服装的限制，表演性较浅（图5-10）。音乐恰像是一座桥梁，将服装表演的美由浅入深地引向观众内心深处，使观众可以通过音乐加深对服装的理解并产生共鸣。假如没有音乐，再优秀的服装表演也无法将其精髓完全地传达给观众，所以可以说，音乐是连接设计师与观众的艺术桥梁（图5-11）。

1. **音乐的基本情绪**　音乐的基本情绪是一种非社会意义上的情感方式，它几乎对所有机体健全的人来说都是熟悉的。人们经常说，音乐是人类感情的共同语言。所指的就是

模特：王菁菁

图 5-10

模特：黄晓婉

图 5-11

音乐的基本音响给人们的一般感受是共同的。比如说一个听力健全的正常人，在听到抒情的音乐时会感到轻松，在听到低沉、哀怨的乐曲时会感到悲伤，在听到振奋人心的进行曲时会激动。所以说，音乐的基本情绪是人人都能感受到的大众化内容。

虽然说音乐的基本情绪是观众最直接、也最容易感受到的，但是它并不能完全体现一个作品的深刻程度和艺术水平高度，而只能向听众转达一种情绪气氛。基本情绪往往决定一部作品的基本格调，但是它又不能替代基本格调。正所谓基本情绪并不能体现音乐作品的深刻程度。基本情绪作为音乐内容的一部分，它既有独立的一面，又有依附的一面（图 5-12）。

2. 音乐的精神特征

音乐中的精神特征绝非大众化内容，也并非单纯依靠专业知识就可以理解

模特：黄晓婉

图 5-12

服装表演训练教程

的，它是高级审美活动的产物。人们在欣赏音乐时的审美活动分为四个阶段：音响感知→想象联想→情感体验→理解认识。精神特征在音乐审美达到高级阶段完成后才能被感知。它是建立在理性思维和理性认识的基础上（图5-13）。

3. 音乐中的绘画艺术 音乐与绘画从理论上说是毫不相关的两种艺术，前者通过音响效果传递人们听觉上的感官，后者则是通过线条与色彩向人们传递视觉感官。但是在现实的艺术活动中，所谓音乐中的画面和绘画中的音乐，却常是人们所提到的（图5-14）。

音乐线条：通常人们将音乐表现出来会用五线谱和音符长短的连接来显示，而形成音乐的旋律。看上去就像是以时间为笔在不同音高位置上勾勒出来的线条。这一比喻恰恰说明了线条是音乐中不可缺少的绘画因素。

音乐色彩：音乐中的色彩是体现在音响效果上，实际上是一种音响色彩。音的横向组合体现的是调式色彩，音的纵向组合关系所体现的是和声色彩以及各种乐器的组合关系中所体现的配器色彩等（图5-15）。

音乐造型：音乐是一个流动的艺术，所以它的造型并不能像绘画那样，用线条和色彩在平面上组合成一种特定的结构位置。它是一种无形的音响造型，通过特殊的音响组合象征性地体现出一种上下、左右、前后、远近的空间感。它只存在于人们的内心体验中。

模特：李天桅

图5-13

模特：黄晓婉

图5-14

服装表演训练教程

模特：张新成　郭志为

图 5-15

五、音乐在服装表演中的艺术表现

1. **音乐艺术长于传情**　音乐家用自己的心声塑造音乐形象时，投入全部精力刻画的就是人们丰富的感情世界，所注重表现的是人们多变复杂的审美感受。同样在服装表演中，设计师将自己的所有情感融入作品当中。在表演时，人们通过视觉只能看见作品的表象，而恰当的音乐可以烘托、制造一种意境和气氛，使观众跟随它走进设计师的设计灵感和情境中，获得更高的审美享受。所以说，传情是音乐在服装表演中的主要艺术表现（图5-16）。

2. **音乐以音响作为物质手段来塑造形象**　音乐是以主旋律、节奏、音色、和声、音量等音响来构成音乐语言来塑造音乐形象，反映人们的社会生活。它虽没有直接描绘形象的专长，但其与可视的造型艺术有着通感层次的交流，有时将之称为音乐画面。设计师通过轮廓、线条、色彩、肌理等来塑

模特：黄晓婉

图5-16

造服装艺术的美，其中造型要素之间的关系能够与音乐产生一种默契。另外，服装的展示多数都需要音乐的烘托与配合，选择合适的音乐对有效地表达和展示特定服装的审美有着重要作用（图5-16）。

3. **把握音乐是提高模特舞台表现力的重要手段**　作为一名优秀的服装模特，不仅在日常生活中要保持美好的形象，同样在舞台上也要有光彩四溢的神韵。模特在台上表演时，要学会去寻找高峰点，驾驭和把握舞台气氛，在展示时装的同时体现自我个性。

这种看似本能的反映实际上是反复艺术实践的内在体验，需要模特进行反复的揣摩，经过理性分析后在心理上的沉淀，当其到达一定程度时，便会达到质的飞跃。这时，表演就会进入一种得心应手、收放自如、炉火纯青的自由境界。观众的目光都被聚集在表演者身上，又会激发模特更多的创造欲望和舞台表现力（图5-17）。

模特是沟通设计师与观众的桥梁，在这之中起到催化剂的作用，在色彩斑斓、绚丽缤纷的服装展示中，模特要准确地把握服装设计意图，合理地运用肢体语言将自己融化于服装设计的独特文化氛围中，实现对服装的二度创作。将自己对服装的理解一份为二，一半给设计师，一半留给自己发挥创造，再以崭新的形象去表演。

对于服装模特来讲，不必过分地张扬自己的个性，更不必以平庸的态度去迎合，模特的个性是介于服装和观众之间。一位优秀的服装模特应该在把握设计意图的同时不断提高自己的表演技艺，积极主动地展示服装的内在风格，使每一件作品都具有强烈的震撼力和生命力。

模特：杨孟洹

图 5-17

思考与练习

1. 简述服装表演模特的个人素质提升对模特道路发展的重要性。

2. 简述如何通过时尚法则搭配自己。

第
六
章

课题名称：服装模特的风格化及形象塑造

课题内容：潮流时尚对服装模特形象塑造的影响
服装模特应对不同工作环境的形象设计
服装模特的个人护理

课题时间：8 课时

教学目的：了解服装模特的基本形象要求以及时尚对服装模特形象塑造
的影响，掌握不同工作环境下服装模特形象的变化和塑造。

教学重点：1. 使学生掌握服装模特形象塑造的基本要求。
2. 掌握不同工作环境中服装模特的形象塑造。
3. 了解服装模特的个人护理。

教学方式：理论教学

课前准备：整理不同场景中模特的照片，如演出、比赛、拍片等。

第一节 潮流时尚对服装模特形象塑造的影响

一、形象设计的概念及重要性

在当今社会，"形象设计"已成为近年来最时尚的词汇之一。对其的理解可分为广义和狭义两种。

广义上来讲：形象设计是指在一定的社会意识形态支配下而进行的一种既富有特殊象征寓意又别具艺术美感的衣着装扮的创造性思维与实践活动。

狭义上来讲：形象设计师以审美为核心，依据个人的职业、性格、年龄、体型、脸型、肤色、发质等综合因素来指导人们进行化妆造型、服装服饰及体态礼仪完美结合的创造性思维和艺术实践活动（图6-1）。

随着时尚风潮的跨界，作为一名服装模特，无论是在T台表演、平面拍摄、品牌宣传等工作过程中，还是在专业的模特大赛、客户会见时，甚至是面试和日常生活中都应该注意形象打理，好的形象往往是成功的一半（图6-2）。

作为一名服装模特，要学会整理自己的衣橱，一般需要以下几类服装：

见客户及面试时所穿的服装（即面试装）；

拍照时所穿的服装；

搭配衣物所需的鞋帽、首饰、丝巾等。

这些物品的准备可令模特在工作中得心应手。当基础条件具备后，如何进行搭配，打造出席每一个场合都合理的形象，不仅仅是造型师的工作，很多时候，模特个人也要具备这一能力。所以，服装模特学习形象设计有利于规划模特的个人衣橱，打造完美的个人形象。

模特：黄晓婉

图 6-1

模特：黄晓婉

图 6-2

服装表演训练教程

二、潮流时尚对服装模特自我打造的影响力

"时尚"一词源自对英文"Vogue"、"Fashion"的译读。在 2004 年版的《朗文当代高级英语词典》中，就"Fashion"一词翻译成中文的界定是"在特定时期里流行并有可能随后即改变的衣着、发型、行为方式等"；在《现代汉语词典》中，"时尚"一词解释为"当时的风尚，时兴的风尚；合乎时尚"。也可以如是理解，即"时尚是指某种形式在特定时期形成的一种审美崇尚"。它涉及诸如衣着装扮、饮食健康、家居住房、出外旅行，甚至情感表达及思维方式。不过，当某种形式的形成范围波及面较大时，就成为流行（图 6-3）。

模特：黄晓婉

图 6-3

时尚是一个包罗万象的概念，到目前为止并没有特定的解释和概念。它能够带给人们愉悦的心情、纯粹的感受、独特的气韵、超凡的品位，同时，追求时尚也能够是人们生活得更加多姿多彩。事实上，时尚作为一种文化形式，是由无数的符号组合而成。服装模特作为表达时尚的媒介之一，不同的服装模特就像不同的符号，传达出不同的时尚现象和文化，映射出不同的时尚趋势（图 6-4）。

吉林艺术学院

图 6-4

一、面试环境的形象要求

模特在面试时，通常是自己化妆的，这样的场合模特的化妆必须符合面试客户的要求，良好的肤色、明亮的眼睛会给客户留下好印象。

妆容：模特最好保持自然美，可以用遮瑕霜来掩盖脸上的瑕疵，用轻薄的粉底显示透明的肌肤；东方模特的脸部较平，所以眼睛、脸颊和嘴唇应该增强立体感；睫毛和眉毛强调柔顺自然。眼影通常用自然色调为佳，如棕褐色、暗灰色。脸颊上的桃红或者茶色会给人健康的感觉。整体的面试妆容要给人以清新的感觉。发型不宜夸张，简单的直发披肩或者马尾即可。

着装：在着装上通常以黑色为主，避免过于繁杂的装饰，摘掉身上的配饰，以简洁、干净、清爽的形象面试。高跟鞋通常选用带防水台的黑色系带的凉鞋，以获得更好的视觉效果。

带上个人资料文件夹：专业的模特应该准备一个这样的文件夹，在里面放上自己的泳装和头像照（正、侧、背面）以及近期具有代表性的照片或作品，甚至一些视频文件，同时里面应收集即将面试的每一个公司或品牌的资料。模特的个人资料夹要定期进行更换（图6-5）。

模特：郭志为

图6-5

二、试装环境的形象要求

试装环境中通常要不断地更换服装，这时最好以清爽、干净的妆容来试装。发型以马尾或盘发为主，不要遮挡服装的设计。试装是为了使每一件服装搭配达到最好的效果，所以中间会不断进行调整，时间会很长，这时就需要模特有很好的修养：不对服装品评、保护商业机密、按照搭配师或设计师的挑选进行试装、第一时间与设计师沟通服装的情况、爱惜演出服、和穿衣工配合沟通好。

三、彩排环境的形象要求

彩排时，模特根据演出方的要求着装，妆容跟随彩排灯光的需要。若不带装彩排，模特只需化一个日常妆容即可；带装彩排时，根据演出方的妆面要求来化妆。

四、演出工作状态的形象风格

演出时，灯光越亮，观众距离越远，模特的妆容色彩就必须越细腻。如果演出方有特定的化妆师，模特最好在妆前为自己敷一个面膜，保证最好的肌肤状态，方便上妆。

着装最好以轻便为主，采用开衫式上衣，一般专业的品牌发布会会为模特准备服装。

五、平面影视拍摄的形象配合

人们通常会在运动中展示自己的感情，但摄像机是没有感情和意识的，它只会抓住一瞬间的活动，会拍摄到所有的缺点，所以模特在平面影视拍摄时要非常注意化妆和着装（图6-6）。

拍摄时要注意肤色的一致性，尤其要强调脸色与体色的一致；认真对待脸部的毛发，如下巴或嘴唇上方，将其拔掉或者漂白；在灯光下检查自己的妆容，以达到最佳效果。

模特：杨孟洹

图6-6

第三节 | 服装模特的个人护理

一、发型要求及发质护理

头发是模特外型最重要的元素之一，它可以帮助模特塑造完美形象，但是如果运用不得当很可能使之毁于一旦。

富有光泽和富有弹性的健康发质对模特自身健康的外表形象十分关键。模特日常生活中要注意对头发的保养，避免让头发过度暴露在烈日、强风、寒冷之下，不要过度梳、洗头发，尽可能让头发远离有害物质。要注意时刻保持健康生活习惯，这样才能保证头发在最佳状态；保持头发原有的自然健康状态，保持头发和头皮的清洁。习惯用护发素并适度修剪头发，尽量不要染烫头发，不要用过紧的橡皮筋、发卡捆扎头发。

二、面部皮肤的护理

健康无瑕的皮肤状态是作为一名职业模特必备的基本条件。模特要了解自己皮肤的类型，根据自身皮肤的特点制订适合自己的保养计划。良好的皮肤保养包括清洁、柔肤、滋润、防晒四个基本程序，其中清洁尤为重要，卸妆则是清洁环节中不容小觑的细节步骤。

由于服装模特的职业特点和工作需要，要经常针对不同的服装风格做不同的造型，不得不接触和尝试不同的妆面和化妆品。在等待演出或面试时带妆时间会很长，一些皮肤比较敏感的模特容易引发各种肌肤问题。所以在上妆前使用隔离霜，选择适合自己的卸妆产品和正确的卸妆手法都会起到事半功倍的效果（图6-7）。保持健康的生活状态和饮食习惯也是护肤的关键，好的外表来源于健康的身体，有时模特的工作性质有时需要熬夜，

模特：于小荷

图 6-7

所以这时就需要一个好的睡眠和健康的饮食来帮助肌肤的还原。

在条件允许的情况下，模特最好能保证每天 1 ～ 2 片的面膜，这样能使肌肤健康通透。面膜是最有效果的护肤小帮手，可以美白，可以保湿，可以收缩毛孔等，这样会更加有效地护肤，促进皮肤对面膜的吸收。

（1）中性皮肤：

肤质特征：中性皮肤容易随季节的变化而变化，夏天略油、冬天略干。相对于其他肤质而言，中性皮肤表面不干不油，皮肤纹理光滑、细致，毛孔不明显；皮肤润泽，弹性很好。

护肤重点：中性皮肤的人的日常护理以保湿养护为主，季节变换时要注意更换护肤品。中性肤质很容易因缺水、缺氧而转为干性肤质，所以应该使用锁水保湿效果好的护肤品（图6-8）。

选择面膜建议：中性皮肤适合多种面膜，但少用深层清洁面膜和含刺激性成分的面膜。

吉林艺术学院

图 6-8

（2）干性皮肤：

肤质特征：干性皮肤表面干燥，油脂、水分较少，毛孔不明显，皮肤纹理细致，但抵抗力弱。易脱皮、产生皱纹和斑点。洗脸后，干性皮肤的人脸部容易紧绷、产生刺痛感。

护肤重点：干性皮肤应以补水、滋养为主，防止皮肤干燥缺水、脱皮等，延缓衰老。

选择面膜建议：干性皮肤适合滋养保湿面膜、深层清洁面膜和美白抗老化面膜。

（3）油性皮肤：

肤质特征：油性皮肤皮脂分泌旺盛，皮肤油腻，毛孔粗大，不容易长皱纹，但容易附着污垢，容易长痘痘、粉刺、黑头和暗疮。油性皮肤的纹理较粗，但抵抗力强。洗脸前一定要卸妆。

护肤重点：油性皮肤平时要特别注意清洁，避免使用偏油的护肤品。要定期做深层清洁，去掉附着在毛孔中的污物。

选择面膜建议：油性皮肤适合选择控油祛痘面膜、深层清洁面膜和滋养保湿面膜。

（4）敏感性皮肤：

肤质特征：敏感性皮肤的皮肤表皮层较薄，自我保护能力差，容易出现干燥、皱纹、脱皮、毛细血管明显等症状。敏感性皮肤较干燥，有刺痛、灼烧感，易红肿发痒，皮肤较脆弱，缺乏弹性。

护肤重点：敏感性皮肤应尽量选用配方清爽柔和、不含香精的护肤品，注意避免日晒、风沙等外界刺激。

选择面膜建议：敏感性皮肤尽量不要使用深层清洁面膜，其他面膜也要选用刺激性较小的。使用面膜的同时一定要注意敏感性皮肤的保养。

（5）混合性皮肤：

肤质特征：混合性皮肤脸部的 T 字部位（额头、鼻子和下巴）皮脂分泌旺盛，出油较

模特：于小荷

图 6-9

服装表演训练教程

模特：张人月

图 6-10

多，毛孔粗大，两颊及眼部周围的皮肤容易干燥缺水。这种皮肤在缺水时易过敏。

护肤重点：混合性皮肤应注意 T 字部位的清洁、控油，加强两颊、眼部皮肤的保湿与滋润。

选择面膜建议：建议混合性皮肤的人分区保养面部皮肤，T 字部位加强深层清洁，U 字部位（两颊、眼部皮肤）加强滋润保湿（图 6-9）。

三、正确的肌肤护理方式

选对护肤品是十分关键的一步，但是最为根本的，还是正确的护肤方法。

1. **清洁**　脸上的污垢包括脏空气、灰尘、油脂分泌物、坏死的细胞、化妆品的残留物等，这些物质长期刺激皮肤，对皮肤是一种伤害，所以清洁工作是保养的第一步。

2. **按摩**　可以使肌肉松弛、舒缓情绪、增强皮肤血管韧性。但是，必须以轻柔操作，力道太大反而会刺激皮肤。同时发炎及长青春痘的皮肤也尽量不要做，因为按摩会加重发炎的反应，增加皮脂腺的分泌，使皮肤更油腻，更不容易治疗。

3. **洁肤**　不管皮肤是什么类型的纹理，都需要彻底清洗。如果使用放大镜看未清洗的皮肤，我们将意识到洁肤是绝对必要的。清洗之前，皮肤表面的污垢、陈旧的汗水、化妆品遗迹和其他污染物，所有这些都会伤害及刺激皮肤，它们不仅扰乱了正常的皮肤平衡，而且还阻碍皮肤正常的新陈代谢功能（图 6-10）。

4. **爽肤**　爽肤是所有皮肤类型都需要的。因此清洗后，立即爽肤会有助皮肤清爽。皮肤清洗后，用棉花垫吸爽肤水轻揉皮肤可刺激血液循环。

5. **保湿**　皮肤护理最重要的部分是日常保湿。将保湿乳液点到脸上，然后以指尖轻按摩皮肤，可令皮肤表面形成一层保护膜。请确保使用适合自己皮肤水分平衡的保湿产品。

6. **补养**　补养是给皮肤供应养分及润肤，以便皮肤能够更好地保持水分和营养。使用维生素 A 营养霜是极为重要的，可减轻皮肤干燥、保持皮肤弹性。滋润霜与维生素 E（抗氧化剂）组合使用，有助于减少皮肤的损害。

及时检查护肤品是否超过保质期，在不同的季节定期更换合适的保养品，眼部、唇部的皮肤更为娇嫩，要注意特别护理。尤其是在冬天，要避免寒风对嘴唇的破坏。

四、护肤基本概念

皮肤护理是一门艺术，而且是一门易学的艺术。

1. **理解皮肤**　现实是世上没有神奇的方剂，可以使斑点和青春痘在一夜间消失，也没有令皮肤立刻恢复年轻时幼滑有弹性的妙方，只有唯一一个办法是科学护肤，令肌肤保持健康良好的状态。

皮肤科医生、美容师和美容治疗师都同意的事实是定期护理皮肤，避免皮肤问题出现、延迟老化过程。若每天进行肌肤清洁、爽肤、滋润和滋养，一段时间内即可得到改善。皮肤基本上有自我再生能力，只要妥善照顾它，护理永远不会太晚（图 6-11）。

2. **皮肤护理小贴士**

（1）不要用力揉搓脸颊。

（2）不要尝试拨粉刺，将会在皮肤上留下一个丑陋的标记。

（3）尽量保持心情愉悦，最好每天保持微笑约 10 分钟，可令脸颊保持正常的健康状况。

（4）不要使用任何人工色素材料。

模特：黄晓婉

图 6-11

五、手部、足部的个人保养

手部、脚部及指甲护理是模特在生活中比较容易忽略的细节，虽然说不是每个模特都拥有一双美丽的手，但手经过仔细修饰，会使模特的形象气质提升。比如模特在表演时，当设计师要求服装模特对服装的配饰进行强调展示或者在首饰展、手机展等场合表演以及与观众近距离的产品展示中，模特的双手会近距离出现在观众面前，这就对模特的双手提出了更高的要求。因此，每月定期修理指甲，经常涂抹护手霜，定期做手部护理，都是服装模特必须养成的良好生活习惯。男模也应注意这一方面的护理。

服装模特在展示服装的过程中要大量地行走、站立，会经常出现裸露脚部的情况，有时导演会要求光脚进行表演。这时其双脚也进入观众的视线，所以，干净、匀直、滋润的双脚就成为服装模特应具备的形象素质。在日常生活中应该经常泡脚、修脚、做足底按摩，减少穿高跟鞋的机会，最好每月做一次高级的脚部护理。

六、日常妆容及着装搭配

化妆一词源自法文 Grime，意为有皱纹的、起伏不屈的。化妆是对演员须发、头饰、脸型以及身体裸露局部进行修饰（图6-12）。模特在日常生活中应该学会用化妆品打造一个自信的妆容。人们在日常的社会活动中，以化妆及艺术描绘的手法来装扮美化自己，达到增强自信和尊重他人的目的。化妆根据所展示的不同空间可分为生活化妆和艺术化妆两大类。

吉林艺术学院

图6-12

1. **生活化妆**（淡妆、浓妆） 用于生活中的化妆，主要是弥补不足，美化容貌，展现个性风采。

（1）生活淡妆：属于基础妆面，对皮肤、眼睛等进行简单的修饰，即使是非常的淡，也能使人看起来有精神。

（2）生活彩妆：是在生活淡妆的基础上增加一些色彩，使整个妆面更为精致、立体，它通过各色眼影的搭配能双眼更有神采、更动人。

（3）透明妆：俗称"裸"妆，妆容自然清新，虽经精心修饰，但并无刻意化妆的痕迹。裸妆能令肌肤呈现出宛若天然的无瑕美感，彻底颠覆了以往化妆给人的厚重与"面具"的印象（图6-13 ~ 图6-15）。

素颜

图6-13

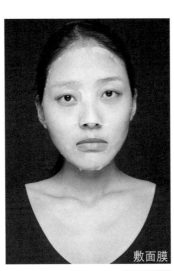

敷面膜

图6-14

打底

图6-15

2. **艺术化妆** 艺术化妆主要以表演和展示为目的，包括影视化妆、舞台剧化妆、戏剧妆、摄影化妆等。随着社会的不断进步，为人们追求理想的美创造了良好的条件，在现代生活中，人们追求的美，应该是科学的、健康的美，只有这样，才能使美得以持久和深化，这主要表现在美化容貌、增强自信、弥补缺憾、尊重他人。下面主要介绍模特最常用的晚宴妆和舞台妆（图6-16 ~ 图6-18）。

眉眼妆面

图6-16

暗影

图6-17

彩妆妆面

图6-18

（1）晚宴妆：晚宴妆有冷妆和暖妆之分，参加晚宴的妆容要时尚中突显高贵，眼影色彩丰富，对比较强。

（2）舞台妆：舞台妆注重化妆造型的设计要符合角色，由于舞台的距离与灯光的效果，舞台妆的造型要稍夸张一些，妆面色调宜饱满浓艳，特别要强调面部结构。

七、香水的使用

作为一名服装模特，除了要保持个人妆面、着装、头发和四肢的干净、整洁外，还要使自己的身体气息清新、怡人，尽量不要有汗味或其他异味出现，在出席某些场合时，适当地使用香水，是对他人的尊重。

1. **根据喜好选香水**　根据自己的喜好来选择香水，要知道嗅觉感受是不会欺骗自己的。香水的类型大致分为花香调和水果调，假如闻到浓郁的花香会感觉到头晕，那么清淡的水果香味就比较适合自己。

2. **香水牌子不宜过多**　香水牌子尽量固定在一到两个之内，若是时而喜欢茉莉花香，时而偏爱玫瑰香调，时而迷恋香橙味道，可能会令人误解，没有个性。所以，在选择香水的时候要保持稳定的性情，寻找到一款适合自己的香水并成为自己独一无二的风格。

3. **了解品牌，但不盲目追求名牌**　作为服装模特，要对各大品牌都有所了解，但不要盲目追求名牌，要知道香水只是用来提升魅力的武器，不是用来攀比的。如若能让别人闻到身上普通香水的味道，以为是哪一名牌，这就真正起到了用香水的目的。

4. **从自身风格选香水**　从自身风格出发选择香水，不盲从。每一款香水的香味与持续的时间不同，挥发出来的味道也是各有所长。通过自身的穿衣风格和性格选定几款适合的香水。

思考与练习

1. 结合所学知识，为自己设计并打造一款符合自我风格特征的造型。
2. 简述服装模特的形象塑造的重要性。
3. 简述不同场合下的风格装扮。
4. 简述如何在装扮中寻求亮点，突出自我风格。

第七章

课题名称： 服装模特的个人素质与心理状态

课题内容： 服装模特个人素质的提升
服装模特的心理素质培训与认知自我价值

课题时间： 4 课时

教学目的： 依据表演心理学通过对服装模特的心理分析研究提出适合模特的心理指导方法，帮助模特不断完善自己的人格，以积极的方式去面对模特生涯中遇到的各种挑战。将学习中掌握的调控心理的方法运用到实际表演中去。

教学重点： 1. 了解服装模特学习心理学的意义和目的。
2. 使学生掌握自我价值提升的方法和重要性。

教学方式： 理论教学

课前准备： 对自己的性格特点进行简单的分析。

第一节 | 服装模特个人素质的提升

一、服装模特学习心理学的目的与意义

心理学是一门既古老又年轻的学科。说它古老，是因为人类探索自己的心理现象已有两千年的历史：从公元前4世纪古希腊亚里士多德的《论灵魂》开始，心理学一直是包括在哲学之中；说它年轻，因为它是19世纪中叶才开始从哲学中分出来，成为一门独立的学科，只有百余年的历史。因此，德国著名的心理学家艾宾浩斯曾说：心理学的诞生是以德国心理学家、科学心理学的创始人冯特1879年在德国莱比锡创立的第一个心理实验室为标志的。

"有人的地方就有心理"，华中师范大学心理系主任刘华山教授，在谈到心理学的意义时，这样开门见山地对我们说。人的心理是有规律的，企业管理、思想政治教育、人员选拔、安全生产、人际关系等都需要了解人的心理。模特的工作环境即是由人组成，学习心理学，有利于模特与工作人员之间更好、更完善地沟通处理问题。

吉林艺术学院

图7-1

通过心理学的学习，可以增强模特对自身的了解，提高自我修养。心理学知识对于自我教育十分必要。科学地理解心理现象，能使模特正确地自我评价，从而自觉努力发展积极的品质，克服消极的品质（图7-1）。

在工作、学习和生活中，模特难免会遇到种种难题和困惑。例如，恋爱问题、婚姻问题、人际关系问题以及失眠、焦虑、忧郁等，通过心理学的学习，模特可以很好地进行自我分析和自我调节，不至于陷入心理困惑之中不能自拔，最后导致心理或精神疾病。

学习心理学，有助于服装模特以最有效的方式掌握表演技能，最大限度地发挥自己的表演才能，并帮助模特不断完善自己的人格，以更加积极的方式去应对模特生涯中的各种挑战。

二、多角度进行个人素质提升

在服装表演当中，服装模特的表现力除了必须的外形条件和基本的表演技巧以外，主要是由内涵决定的。这个内涵既包括知识积累所体现的文化素质，还包括责任意识的职业道德以及涉及心理过程和心理特性等心理学的问题（图7-2）。

1. 服装模特的心理动机　动机是引起和维持个体活动，并使活动朝向某个目标的内部动力。动机的不同，对实现的态度及相应的行为方式也不一样。而成就动机是人们希望参加有价值、有意义的活动，并取得成绩的内部驱动力。对于服装模特而言，成就动机就是"我为什么要成为一名模特？"它的回答是多样的，但唯一的共同点在于他们认为服装表演对于他们来说是有意义的活动，并期望通过自己的努力在这个活动中取得完美结果。

2. 服装模特对其行业及自身的认识　服装模特对行业的认识，主要包括对行业目的、特点及行业对模特的影响认识。服装表演的目的是突出所展示的服装而不是模特本身，这就对模特本身有所限定。在这个吃"青春饭"的行业里，模特如何迅速进入行业、达到高水平，并能够有能力延续职业生涯，成为每一名模特需要面对的首要问题。从心理学角度来看，模特只有充分调动感知觉、注意、记忆、思维、想象等心理活动环节，积极学习服装表演等方面知识，成为学习型的人才，才能把握行业规律，提高文化素质和个人修养，为表演的转化奠定基础。

3. 服装模特的情绪调整　服装表演是现场演出，模特的情绪尤为重要，为保证演出质量，专业的服装模特应做到：保持良好、平稳的心态；积极调动情绪，富于激情；正确地面对挫折，对待演出反响要坦然。

4. 服装模特意志力的磨炼　意志是个体自觉地确定目的，并有意识地根据目的支配、调节行动，以实现预定目的的心理过程。对于服装模特来说，意志问题主要体现在自制力方面。模特只要站在台口，无论台下发生什么事情，模特都要积极调动自己的情绪，尽快适应演出。

吉林艺术学院

图7-2

第二节 服装模特的心理素质培训与认知自我价值

一、正确的自我评价

在时尚产业不断发展的今天，对于模特的要求也越来越高，不同时代所欣赏的模特也不一样。一名优秀的服装模特不仅要具备较好的生理条件、文化基础，还要对服装设计、音乐、美学、化妆、摄影艺术、舞台灯光等具有一定的领悟能力，有较好的职业感觉和完美的表现力，提高模特自身的艺术修养。除此之外，还要对自身有正确的认识。首先给人的感觉是阳光健康的第一视觉。其次是素质与修养，优秀的模特会在形体、气质和文化方面不断地提升自己，要有很强的自控力、对时尚的敏锐感和洞察力。优秀的模特会很谦虚，无论自己有多大成绩和名气，都要保持谦逊的心态，这样才能得到更多人的认可和帮助，同时也是对自身气质和气场的修炼。

二、克服胆怯与自卑的负面心理

社会生活中，人与人之间有冲突但更有合作，需要兼顾他人的利益。正视自卑的存在，不退缩、不蛮干，尽力克服困难努力超越自我（图7-3）。

要会自我转移：心理学研究表明，自卑带有明显的情境性。一旦情境改变，自卑可能就会消失。所以，在感觉到自卑时不妨主动改变一下环境。

要会自我宣泄：不妨选择适当的行为在自控力的范围内合理地情绪释放，寻求心理的平衡。

要会自我质疑：冷静、理智、客观地分析出现的情况，找到合理解释。用这种冷处理的方法，使心理趋于平衡。比如考试失利，成绩不佳，不妨这样来质疑：考题太偏太难？一时失误？方法有问题？如何改进？……找出症结，树立努力的信心。当然在自我质疑时，一定要以积极的态度对进行剖析，切忌产生得过且过的借口。

要会自我激励：面对同样的玫瑰花，有人说这么美丽的花上怎么长了刺，也有人会说怎么刺上长出这么美丽的花。悲观与乐观、消极与积极的差别就在于此。它启示我们，自卑时学会换一个角度思考，从另一个方面来激励自己，不要沉浸在失意之中。要坚信，这世界上没有所谓的失败，只有走向成功的曲折；没有最好，只有更好。

服装表演训练教程

吉林艺术学院

图 7-3

三、抑制嫉妒带来的不良情绪

　　人本性中的优点，可以带来良性的心理反应，在人际交往中产生积极的结果。而人性中的弱点，却会带来不良的心理反应，在人际交往中导致消极结果的产生。其中，嫉妒就属于人性中的弱点，它带来的就是一种不良的心理反应。嫉妒的产生，是以自己与他人比较为前提。一旦认为自己在比较条件，如才能、地位、天赋、经济状况等方面不如比较对象时，内心便会产生失意、沮丧、痛苦，甚至仇视、憎恶的不良情绪反应。生活中的自我修炼，首先是要最大限度地减少嫉妒心理的产生。嫉妒虽然属于人性中的一种，具有先天性，但如果能有一个智慧的心念，拥有如大海般宽广的心胸，就能大大减少嫉妒心理的产生。

四、树立健康与自信的心理状态

优秀的模特应善于与设计师沟通，了解设计师的设计理念，尽全力去展示设计师的每一件作品。试装时需与设计师沟通，了解设计师的设计理念及所展示作品的亮点，了解设计师作品的展示需求。其次，要善于与秀场编导沟通，熟悉自己的展示路线和表演手法，以及如何与其他模特默契配合等。正式表演时，模特一定要自信、从容、自然，不矫揉造作。度的把握，不是一朝一夕就能练成，需要模特在无数次实践中慢慢积累。

思考与练习

1. 简述如何提升服装模特个人的素质。
2. 简述学习服装模特的心理学的必要性。
3. 简述在工作中如何缓解自身的工作压力和不良情绪。

第八章

课题名称： 职业模特赛事的解析与教育指导

课题内容： 国内外重大模特赛事
中国模特赛事现状与发展

课题时间： 4 课时

教学目的： 通过介绍国际、国内重大知名模特赛事，使学生了解专业赛事的基本流程以及赛后模特市场的推广。

教学重点： 1. 掌握专业模特赛事的基本流程。
2. 了解赛后模特市场的推广途径。

教学方式： 理论教学

课前准备： 收集观看不同类型的模特赛事。

第一节 国内外重大模特赛事

一、模特大赛的类别

1. **服装模特大赛** 服装模特大赛可分为世界、国家、地区等不同级别的赛事，主要是通过服装表演来评比出高素质的模特或模特界新人。越来越专业的模特大赛对模特的选拔更加严格，要从大赛中脱颖而出，模特不仅需要优越的自身条件，还要有一定的文化基础，有对音乐、舞蹈、服装设计、形象设计和摄影等全面的艺术修养以及一定的想象力和独特的个性。模特的形体条件是先天性的，而综合素质是通过后天的培养来实现的，这就要求模特刻苦地磨炼，将提高自身的文化和艺术修养摆在第一位，不断地从其他艺术中汲取营养，充实自己，完善自己（图8-1）。

2. **选美大赛** 选美大赛是由美女和媒体联合参与，帮助美女提升知名度，带动美丽产业发展的一种娱乐活动。选美自古就有，广泛存在于宫廷之中。到了近代，西方国家逐渐将选美进行商业化运作，并形成了在全球颇具影响的几大选美赛事：世界小姐、环球小姐、环球比基尼小姐、亚洲小姐、香港小姐等。

龙腾精英模特大赛吉林赛区

图 8-1

这一系列的选美赛事都是为了突出女性对国际社会的贡献，树立女性地位，推动世界和平以及文化交流。参加选美的选手不仅要有姣好的身材与容貌，还要富于爱心、有丰富的内涵（图8-2）。

二、中国模特赛事

探讨中国模特赛事的现状，中国模特赛事的发展必须沿着模特选拔具细化、赛事进程国际化、模特职业素质精良化、专业经纪公司管理细分化道路发展的观点（图8-3）。

1. **国内模特赛事的现状及分类**　服装表演的起源，距今已有一百多年的历史。最初的模特，只是产品形象的一个载体。随着时代的发展，今天模特行业所做的，已不仅仅是展示服装产品这样单一的宣传活动，而是在更加广阔的领域里为各类产品进行艺术性的创造活动。出于商业活动和商业宣传以及网络更多的优秀人才的需要，以赛事的形式选拔模特，便成为一种方便、快捷、而又行之有效的手段。从1989年最早的全国十佳模特赛事开始至今，模特赛事在中国这片土地上已经历了17年风雨的洗礼，其中许多名模精英早已是家喻户晓，而更多的年轻人则通过模特赛事这块跳板，成功地圆了自己的天桥梦想。模特赛事从一定意义上讲是模特发展的起点和通向成功的摇篮（图8-4）。

2. **模特赛事按性质分类**　由服装行业协会暨模特协会举办的专业模特赛事（如由中国服装设计师协会承办，每年一届的中国职业模特赛事和中国模特之星赛事等），由强势

获奖选手：王宇婷　王菁菁

图8-2

设计师：计文波

图 8-3

JWB 店内秀

图 8-4

模特：傅正刚

图 8-5

媒体举办的模特赛事（如典型的 CCTV 模特电视赛事等），由专业模特经纪机构承办的模特赛事（如新丝路模特赛事、龙腾精英超模大赛等），现在国内很多知名的模特都是通过这些赛事成为闪亮的新星。比赛已成为选拔和锻炼模特的最佳途径，也是业余模特借此转为职业模特的良机（图 8-5）。

3. **模特赛事的宗旨** 模特大赛的宗旨是为了选拔优秀模特人才以及表演新秀，开发模特资源，并通过选拔大赛的形式，向国内外时尚机构、模特经纪公司、影视公司、时尚传媒、广告公司等推荐模特和演艺新人，为模特和影视行业服务，同时为模特与影视表演新人搭建拓展平台（图 8-6）。

设计：计文波　模特：于小荷

图 8-6

4. 模特赛事评选内容

身材条件：身高、体重、三围、肩宽、体差、肩宽胯宽比。

舞台表现：肢体协调性、形体表现力、音乐感知能力、镜头前表现力。

美丽考评：才识、智慧、学习经历，容貌、皮肤、体态、健康状况等。

职业素质：遵守纪律、团队精神、友爱感恩，以及语言表达、应对能力等。

职业道德：主要是指品德端正，为人正派、有责任心等。

职业修养：言谈举止、做事态度，以及时尚感等。

职业公关意识：主要是指亲和能力，与媒体、公众的沟通能力。

5. 国内主要模特赛事

国内主要模特赛事包括中国模特之星大赛、中国职业服装模特选拔赛、网络平面模特大赛、中国内衣模特大赛、中国超级模特大赛、CCTV 模特电视大赛、东方时尚电视模特大赛、新丝路中国模特大赛、环球比基尼小姐大赛、世界精英模特大赛、中国好身材模特大赛、龙腾精英超级模特大赛、世界小姐选拔大赛、环球旅游小姐选拔大赛（图 8–7）。

6. 专业赛事的基本流程

（1）报名（要求及报名方式）。

（2）选手报到。

（3）赛前集体培训。

（4）选手的试装与排练。

设计师：计文波

图 8–7

（5）选手赛前面试。

（6）正式比赛。

7. 赛后模特市场的推广

（1）比赛主办方的宣传。

（2）现场媒体的报道与宣传。

（3）与模特经纪公司合作与宣传。

第二节 中国模特赛事现状与发展

一、在前进过程中出现的问题与不足

1. **国内赛事过于泛滥** 虽说赛事为很多怀揣梦想的年轻人提供了机会，但不得不指出，现在的模特赛事正呈现出泛滥之势。比赛对于模特行业的发展是一种促进，太多的赛事却会产生反作用，而那些参差不齐又极不规范的赛事更是对模特的伤害。许多模特赛事举办一届便更换一个赞助商，说明这种方式很难成为一种成熟品牌主导的推广方式，会让模特的数量越来越惊人，但真正蜚声国际的却寥寥无几（图8-8）。

模特：傅正刚

图8-8

模特：黄晓婉

图 8-9

据统计，目前国内的模特赛事一年之中多达百余个，其中不乏一些不专业的模特赛事，如果不去计算亚军、季军和十佳模特，仅是冠军每年就有百余个诞生。人们不禁要问，一年当中怎么能够出现这么多的新星和优秀的模特，他们的前景又将如何。由此说明，国内的模特行业在赛事组织、内部运作、分配机制等方面，存在着许多不规范的地方，急需相关部门予以引导和监管。中国职业模特委员会副总干事长梁向方先生指出：近年各种良莠不齐的赛事纷纷举办，甚至很多模特赛事根本就找不出第一届来，这种状况无疑会影响这个行业的发展。因此，模特赛事必须建立一套有效的市场竞争规则，制订严格的赛事审批程序和详细的评比职业标准，以法律及行业规范来维护模特的合法权益，维护模特市场的公平竞争，只有这样才能真正推动我国模特事业健康有序的发展（图 8-9）。

2. 模特经纪人队伍的欠缺导致模特发展受限 中国模特赛事目前最大的问题，就是赛事以后模特的去向及后期的培养问题。而这两个问题恰恰与模特经纪人有着密不可分的利害关系，这也正是我国模特行业发展过程中最为薄弱的环节。因为至今尚未建立真正的模特经纪人队伍，以及模特代理和表演制作等专业化、规范化的运作方式，故而也导致了模特公司不是在培养模特，而是在经营各种各样的演出活动。可以说，中国不是没有优秀的模特，而是没有优秀的模特经纪人（图 8-10）。

3. 模特素质培养的欠缺导致难以在国际竞争取胜 一个优秀的服装模特，不仅要有合格的身材和相貌，还需要具备良好

模特：王菁菁

图 8-10

的气质、较高的文化素养、优越的人格魅力及展示服装的能力等，而目前我国的模特一味强调西化，忽视自己的东方特色。另外，在知识构成方面，不少有点名气的模特，因年纪轻轻就步入了模特界，学历较低，综合素质相对较弱，对所展示的产品缺乏足够的理解和认识能力，因而影响了其进一步发展的空间。模特经纪公司或模特经纪人只管使用模特为其创造经济效益，在模特的培养和提高素质方面却缺少投入，使得许多原本可以发展成为优秀模特的苗子，不幸地过早退出了这个美丽行列，由此也使得中国模特参与国际竞争的综合能力不足，这也是我国缺少世界顶级模特的重要原因之一（图8-11）。

吉林艺术学院

图8-11

二、中国模特赛事发展的思路

1. **模特选拔要具细化**　国际诸多成功的案例表明，在服装、汽车、电子、电信、珠宝、首饰、化妆品、房地产、IT、城市广告、影视娱乐等各经济领域，模特的外在条件与专业素质决定了他们才是产品的最佳代言人。过去，人们总认为模特应该以最高的身材、最好的形象，在T型台上行走。于是女模特的选拔标准就从1.70m、1.72m、1.74m慢慢地提升起来，随之带来的一个问题就是可供选择的余地减少了。由于东西方地理位置的差异，造成了东西方人种在身材比例上的差异，因而完全照搬国际标准是不符合中国国情

模特：张人月

图 8-12

模特：袁　想

图 8-13

服装表演训练教程

的，也堵塞了自我发展的道路（图 8-12）。随着经济生活的迅速提高，社会对模特的需求量日益增加，模特的应用领域也在不断的拓展。模特可以有多种，有走服装秀场的，有拍影视广告的，拍杂志封面的，还有为品牌做形象代言人的等，只要符合不同表现形式的需要，身高不应该是至关重要的限制条件。所以，模特赛事为了适应市场需求，必须进行改革和创新，要按需索取，按需所设。在模特的选拔上要具细化，要放低参赛门槛，增强模特的自信心，让更多优秀的人才不断涌现，可供选择的余地就会相应加大，选出来的模特将越来越好、素质也越来越高，打造出星级模特。《国家职业标准汇编中》收录了《服装模特　国家职业标准》，标志着中国模特开始走向规范管理、理性发展、全面提高、技能细化的道路（图 8-13）。

2. 赛事进程要国际化　中法文化年 2004 春夏时装作品发布会于 10 月 13 日在巴黎卢浮宫的勒诺特厅举行，6 位中国年轻时装设计师的 90 件女装作品得以在时装之都巴黎公开展示。这也是中国首次大规模地参与法国的时尚流行发布活动。此次活动，成功地将中国服装设计师带出了国门，推向了世界。让国际时尚界，感受到了来自东方的神秘魅力。模特赛事作为展示模特新生力量最好的平台，要实现更大的发展，就必须实施国际化。首先是参赛选手的范围要实现国际化，要吸引更多的国外选手来中国参赛，通过相互交流，达到提高我国选手参与竞争的能力和扩大我国赛事在国际上的知名度，如 2002 年新丝路中国模特赛事总决赛首次允许外籍模特参赛，就是中国模特赛事走向国际化的标志。其次，选派更多的中国优秀服装模特参加国际知名的赛事，通过比赛来进一步提升我国模特在国际上的地位和知名度，如 2003 年，我国选手关琦荣获第 53 届世界小姐总决赛的季军，取得了中国选手参加该项赛事的历史性突破。第三，积极争取承办国际知名模特赛事，通过举办此类赛事提升我国在国际服装舞台上的形象。中国赛区选拔报名的条件之一：本年度中国著名模特赛事获奖选手；日本和韩国的选拔条件之一：该国全国性权威模特赛事"十佳"获得者。这充分证明中国承办国际模特赛事的规格、能力及比赛竞争激烈的程度正在与世界同步（图 8-14）。

3. **模特职业素质精良化**　模特职业化的核心在于模特是否真正走向市场，并接受市场的检验。模特的职业素质主要体现于敬业精神，因为模特的价值在于艺术性地为客户创造附加值，所以客户在挑选这一形象时，必定首先考虑模特的外在形象及生命力。这种形象不仅仅在舞台上，也不仅仅是指艺术标准，还包括贯穿于训练中、生活里和对工作的态度上，能吃苦够自信，有超乎寻常的职业道德，无论拍摄时间有多长、拍摄过程多累，都会毫无怨言等，这种专业化的敬业精神和语言沟通能力是决定一名模特能否走向世界的标准。称职的职业模特，靠的不只是身材和脸蛋，更懂得付出，懂得如何与摄影师、编导配合，把每一场秀做好。这需要模特具备良好而全面的文化底蕴，因而加强文化素质的培养，提高模特的综合素质是赛事以后模特签约公司必需做的工作，因为只有文化素质较高的模特才能迎合日益发展的时尚产业的需要，并为签约公司带来更高的经济效益（图 8-15）。

模特：张人月

图 8-14

2012年世界超模国际比赛
supermodel of asia pacific 2012
International Modeling Contest
赵雪莹荣获【最佳上镜世界名模奖】

模特：赵雪莹

图 8-15

4. 专业经纪公司的管理要细分化　在残酷的国际竞争中，模特独闯天下的时代已经过去，经纪公司的角色越来越重要，这就要求他们必须快速地从传统保姆式的管理方式，向市场化的模特代理、表演制作交叉的专业化管理蜕变；由专业经纪公司对有潜质的模特进行全面包装、系统培训；给模特最好的定位，对模特所能适应的平面或立体广告媒介进行细分；在最短时间内满足顾客的需求，并给模特带来最大的表现机会，包括在服装表演、平面广告、电视广告、商务活动、影视片拍摄等领域；有效地对模特进行专业性的市场指导，使模特能够更加适应市场的变化，延长模特的舞台生命，积极拓展模特在演艺圈的发展道路。如此，一个模特才有可能成长为名模，才会有持久的职业生命力。例如，中国新一代超级模特莫万丹背后就有两个专业团队，欧洲著名的模特经纪公司 Next 代理她在欧洲的演出事务，在中国的签约公司东方宾利则专门协助她在欧洲的生活和培训工作。2007 年巴黎高级定制时装周上，莫万丹成功演出了十多场世界知名大牌秀，同时她还参与了台湾版 *VOGUE* 杂志以及为著名设计师约翰·加利亚诺（John Galliano）拍摄画册。与其他模特单枪匹马闯欧洲相比，有了经济公司细分化管理的参与，模特成长的速度就会大大加快。

思考与练习

1. 简述模特赛事的分类。
2. 简述模特赛事的基本流程和自备物品及环节。
3. 简述如何为自己挑选一个适合自己的模特赛事，在比赛中应当注意什么？

服装表演训练教程

课题名称：服装表演的策划与编导

课题内容：时尚来源于不断的创意
服装表演的编排
丰富服装表演内容的演绎形式
服装表演场地选择及舞台设计
服装表演中灯光及音响的应用
服装表演场的场内管理

课题时间：16 课时

第九章

教学目的：是学生掌握服装表演发布会的各个环节并对其进行整体设计
的方法，了解服装表演编排的程序和模特选配的方法、要
求。让学生掌握服装表演的区域功能划分及要求。

教学重点：1. 使学生掌握服装表演发布会的分析方法和创意方法。
2. 使学生掌握服装表演发布会的整体设计方法掌握。
3. 使学生掌握服装模特的选配方法和要求。
4. 掌握服装表演舞台的设计及灯光音响知识。
5. 掌握服装表演执行团队的分工及现场管理的要求。

教学方式：理论教学与实践教学相结合

课前准备：对服装表演发布会的排练和模特选配进行一次观摩。

第一节 | 时尚来源于不断的创意

一、服装表演编导

编导是编排和导演的总称，服装表演表演编导就是服装表演的编排者、设计者和组织者。

在整个创作过程中，服装表演编导需要针对服装表演艺术的创作规律和特点，与设计师、化妆师、舞台调度师、音响师、舞台设计师及模特等共同合作完成服装表演的主旨。所以，服装表演编导应该是一场表演的领导者和组织者（图9-1）。

服装表演编导的工作职责主要表现在如下方面：

（1）确定服装表演的主题：是演出服装的"自我形象"，是其后一系列工作的支撑点。

（2）制订演出方案：依据表演的类型和主办方的策划案制订，诸多细节工作需考虑全面且落实到人，如服装挑选、模特、音乐、表演设计，安排排练、演出的时间，工作人员的分工、组织和协调，舞台布局表演解说等。

（3）选择表演服装：主要是考虑演出的目的，目的不同所选择的服装也就不同。根据不同的主题选择相应的服装；还要考虑搭配的鞋子和饰品（图9-2）。

（4）选择模特：作为服装表演编导应该根据服装的风格和特点，精选出最为适合的模特，更准确的展示出设计师的设计风格。

（5）舞台美术设计：是服装表演的一个重要环节，编导要考虑的问题涉及舞台背景、台面、周围环境的装饰与舞台造型设计要求及灯

图 9-1

吉林艺术学院

图 9-2

光的运用等。

（6）编选音乐：服装表演编导的水平高低很大程度上体现在对音乐素材的选用，因为音乐会带给观众丰富的想象空间。

（7）进行表演设计：服装表演编导是精通表演艺术的行家，整台演出的风格、程序、各个系列的服装的表演风格、道具的运用、模特的造型、走台等都需要编导的设计，最大限度地使得观众体悟到服装的内涵。

（8）组织排练：只有经过反复的排练才能使服装模特的表演不断丰富、细化，成熟地展现编导的思想和愿望。

（9）协调各方面的关系：如造型师、音响师、灯光师等，直接影响演出效果的人员统筹安排和协调，是由编导一人完成的。

二、服装表演编导的三个筹划阶段

1. **前期编导阶段**　服装表演编导要依据展示的服装进行艺术构思、策划的过程，包括确定服装表演的主题，选择符合演出主题的表演服装，确定舞台的舞美设计风格，探索最为合适的表现形式，也称"案头工作"。

编导要与设计师进行沟通，了解每一款服装所要表达的情感，在脑海里进行"创意、构想"，然后将构思作为编导过程中的指引做成计划，用确切、详尽、全面的文字阐述。

2. **中期编导阶段**　确定主题后，就要进行音乐的选编、舞台的设计、挑选模特、组织和指导排练进行舞台合成阶段，也是"案头工作"的实践过程（图9-3）。

（1）根据演出主题选择音乐进行选编。

（2）根据演出风格、服装风格提出模特妆容、发型的建议。

（3）分配服装进行试装。

（4）设计舞台路线具体指导模特的排练。

（5）对舞台的装置及灯光提出要求。

（6）对音乐的播放和解说词提出要求。

（7）指导模特在着装、化妆、音乐、灯光的条件下进行综合排练，也称彩排。

3. **后期编导阶段**　主要是检验编导构思和排练的成果，主要是监督演出。对可能出现的突发状况做好随机的处理准备；待演出结束后对演出提出存在的不足，作出修改和提高（图9-4）。

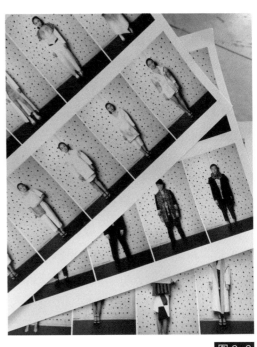

图9-3

图 9-4

三、服装表演制作团队

1. **团队构成与职责分工**　服装表演的制作虽不像歌剧、舞剧那么庞大，但专业的服装表演制作团队人员结构上也有其自身的特点和职责分工，每一个岗位缺一不可。

（1）制作人：演出的整体领导者和项目经营者，负责整个演出的策划方案及费用，与客户签署演出协议，演出现场的执行者。

（2）编导：在服装表演中也称秀导，是演出创意的核心。

（3）后台管理人员：主要负责后台的布置、功能区域的安排、后台环境及设备的管理。其主要包括换衣工、化妆师、熨衣工、催场员等。

（4）舞美监制：负责舞台、灯光、音响和视频的工作人员。

（5）造型师：根据设计师和作品风格对演出的妆容及发型进行设计，使演出更加完善。

（6）模管：负责模特从面试到演出的一切事物的人员。

2. **编导的能力要求**　服装表演编导是团队的核心、整场演出的灵魂引领者。编导的艺术修养和专业经验对演出效果都有很大的影响，其工作能力主要包括：

（1）工作作风、组织能力、社交能力。

（2）专业知识。

（3）理解能力。

（4）责任感和踏实的工作作风。

第二节 | 服装表演的编排

一、确定演出主题、把握创意重点

服装表演主题是服装表演的主导因素，它是一台服装表演的灵魂，统率着整个编导过程。服装表演是对设计师作品的二次创作，所以它的表现主题并不是凭空想象的，而是在一定的创作元素、动机的积累上产生的。由于每一个编导的生活状态和文化素养的不同，所以其对设计师作品的理解和表现方式也不同，能够完美地表达设计师作品中的内涵，就是一名优秀的编导需要寻找的主题。服装表演主题的挑选可参考以下几个方面（图9-5）。

流行趋势：如秋冬流行趋势发布、春夏流行趋势发布、流行色发布等。

服装类别：用服装来确定主题是服装表演中最常见的一种，如女装展示会、男装展示会、童装展示会、中老年服装展示会等。

服装风格：服饰风格也可用来确定主题。

时事：根据国际、国内时事，选定主题。

艺术：特殊展览会是服装表演主题的加工厂。

音乐：新的流行歌曲、轻音乐歌舞大型晚会都能给服装表演提供很好的主题。

季节：虽然季节不是最独特的主题，但也可以称为主题。

节假日：如新春、元旦、圣诞、新年。

地点：如海滨沙滩、江南水乡等。

图9-5

二、确定演出的编导

服装表演的编导是整台服装表演的主要责任人。他的具体工作内容因演出目的的不同而有所差别。大体上有：确定主题、选择模特、挑选服装，确定编排音乐、灯光舞台设计、排定演出程序、明确演出风格、选定妆面和发型等。

服装表演编导在具备多方面和表演相关的学识的同时，还要有一定的组织、协调能力。同时，在确定编导时，还要注意编导的经历，要尽量选择具有相关经验的编导，且综合素质和能力应全面，确保演出成功（图9-6）。

三、确定演出风格

服装表演的风格是服装表演的基础部分，其流行趋势与服装一样是在简约与复古之间来回交替的，并在交替的过程中不断加入新的元素，服装表演的风格大约可归类为以下几种：

one by one 的表演：模特以单人的方式一个接一个地出场展示，没有特殊的舞台变换，这种表演风格有助于观众集中精力关注服装本身，一些高端的品牌和精品都会采用这种方式表现。目前最流行的表演风格也是这一种。

按系列分组的表演：根据服装色彩或设计进行排列组合，模特通常以 2 ~ 6 人的多人

吉林艺术学院

图9-6

组合方式进行表演。

带有节目的表演：设计师为了达到特殊的舞台效果而要求加入演唱、乐器等表演。

带有情节的表演：以类似舞台剧的方式进行表演。

四、确定参演模特数量及模特的挑选

1. **模特数量的确定**　模特数量的确定由以下几个方面来决定：每组系列装的套数；走台方式（one by one 或者是有队形的编排）；更衣室距离背景的远近；服装的复杂程度。

2. **模特的挑选及面试**　直接面试：如果模特与举办地点在同一城市，最好用直接面试方式进行。可以更直观地观察模特的形体、皮肤、气质类型、走台水平及对服装的理解能力。

利用资料挑选：如果模特和举办地点不是在同一座城市，可通过邮件传送模特的个人资料或模特卡进行选择。但这种方式往往会和实际情况有出入（图9-7）。

先看资料，后面试：如果挑选模特的范围较大，可以先通过资料，确定部分人选后，对这些人进行面试。

模特公司确定：一般大型演出都是由模特经纪公司承办，这时便可由模特经纪公司确定人选。

吉林艺术学院

图9-7

五、服装分配及模特试装

任何一场表演，服装分配的合理与否对于每一名模特都是至关重要的，因为服装的美是由模特通过自己的形体语言在舞台上展现出来的，只有准确把握服装的设计内涵，才能更好地展现服装本身所具有的设计属性和美感。而试装则是服装表演前必须进行的一项工作之一，可以对于服装不完整或者欠缺之处进行及时的调整。

1. **服装分配原则**　当模特们在形体、气质和表演技巧差距不大时，可将要展示的服装进行分配，即先把模特进行排序，再按号码进行分配，如 1 ~ 6 号分配 1 系列服装，8 ~ 12 分配 2 系列服装，13 ~ 18 号分配 3 系列服装。

当模特们在形体、气质和表演技巧差距较大时，编导为保证演出质量，就要根据模特的综合条件进行重点分配，或根据演出的特殊要求进行分配（图 9-8）。

图 9-8

2. **模特试装**

编号：将试穿过的衣服进行编号，并按照演出顺序挂在衣架上。

调整：工作人员根据模特的试穿效果，调整完善服装不足处，确定服装合适的展示模特。

搭配：让模特熟悉服装的穿着顺序和搭配，并将配件进行分类或编号次序陈列，鞋子要放在对应的衣服装下面，便于演出时穿着。

拍照：在试穿和搭配之后，经设计师确认，对模特整体造型进行拍照，留下备忘资料。

六、排练及演出

排练是保证演出的重要步骤，在排练过程中，要根据编导的提示及音乐的风格来理解编导设计意图。同时，模特要对出场、退场、舞台路线、出场顺序等做详细记录（图9-9）。

1. 初排 音乐排练：指在模特排练之前，编导带领现场各部门（灯光、音响、舞美）进行技术上的统一排练，检查各个部门工作的准备情况并对存在的问题进行解决和协调，对需要的灯光、音响效果提前进行测试。

模特走位：走位是让模特通过对舞台方位、表演路线，按表演方案进行试走，从而达到熟悉舞台、熟悉现场环境的目的。编导在这一环节需要向模特介绍产品和设计师的情况，讲解本场表演的基本构想和编排路线，同时还要向模特介绍各项工作的负责人员。

模特：王敬涵

图9-9

无装带音乐排练：在这个环节里，需要模特熟悉表演的每一段音乐风格和节拍，并充分理解音乐，做到将音乐和服装更好地融为一体，同时对于模特上下场的衔接，舞台调度，造型位置等表演都要熟记于心。这一排练方式具有灵活性和机动性，编导可根据问题随时中断，解决后继续排练并反复进行。

2. 彩排 彩排要求所有参加演出的人员全部到位，和正式演出基本相同，妆面、发型、灯光、音乐、舞台、背景以及谢幕颁奖等全部按照正式演出的要求进行。在这个环节里，对于前后台的关系、灯光的确定、演出时间的把握等都要做明确的记录，并制订应急方案。同时，彩排中要安排穿衣工配合，熟悉模特衣物穿着方式和出场顺序。

带妆彩排：一般指的是演出前的最后一次排练，一般在演出前的5小时左右进行。它要求所有的人员完全进入演出状态，带妆彩排要一气呵成，遇到问题需待彩排结束后统一解决，编导需要与后台确认模特换服装的时间是否充足。在带妆彩排后，编导应带领全体工作人员开总结会，有效解决彩排中出现的问题。

3. 演出 服装表演的演出结构，通常被分为序幕、开场、发展、高潮和尾声五个部分（图9-10）。这种结构布局的发展，会按照人们的欣赏习惯和心理习惯逐渐将演出推向高潮。

模特：张新成

图 9-10

序幕：作为一场演出的影子，序幕部分通常会使用多媒体等形式来介绍演出主题、服装设计师背景资料等。

开场：它是演出最重要的部分，开场的方式有多种：强发动式开场、弱发动式开场、奇发动式开场。

发展：属于演出的主要部分，大量的服装会在这一阶段进行展示。

高潮：是表演过程中出现的精彩部分，制造高潮的手段有：利用服装的变化、利用模特的表演（如名模出场）及利用舞台气氛的变化等。

尾声：一台表演一定要有始有终，让观众精神饱满看到结束，并留下美好印象，通常结尾方式有强结尾和再生结尾。

无论是设计师的时装发布或是院校的毕业秀，在演出结束后，要安排演出人员与设计师合影留念。

第三节 丰富服装表演内容的演绎形式

服装的展示是简洁明了的，并不像歌舞剧有那么多情节，也不像音乐那样种类繁多。在每年数百场的服装表演中，如何使自己的服装表演有看点、不雷同，这就需要丰富服装表演的演绎方式，从表演的各个元素入手：表演场地的不同、舞台设计的不同、灯光效果的不同、观众座位的不同、高科技的运用、演出环节的设计、邀请名模或神秘嘉宾、音乐选择的不同、模特选择的不同，等等。

一、模特队形变换编排

队形的变换是承载与体现整个服装舞台表演构图之美的重要主体，模特舞台表演队形变换形式及特点如下。

横向队形变换：模特在舞台上横向的队形变换让整个舞台表演更加平稳、自如，能使观众快速静下心来，认真欣赏服装表演的内在美。

斜线队形变换：模特在舞台上做斜线式队形变换可令舞台表演更加流畅、有深度，让观众更好地集中注意力。

竖向队形变换：竖向的队形变换会给人一种直接压迫及强烈的距离变化之感，其视觉与主观感觉冲击力最强。

弧形队形变换：988 弧形的队形变换方式与竖线式队形变换有明显差异，整体构图显得更为柔和，模特的移动更显流畅，具有古典美与动感美。

折线队形变换：折线式的队形变换相比其他几种队形变换方式更有动感和时代感，有特殊艺术特点的服装表演可通过折线式的队形变换方式将其内在的艺术之美充分地展现出来。

复合型队形变换：即两种或多种队形变换方式相结合，此种队形变换方式的冲击力、不确定感最强，能快速带动现场气氛（图 9-11）。

模特：吴轩宇

图 9-11

二、舞台表演编排构图

服装模特的舞台表演构图主要指表演中舞台整体的强弱对比、集中分散、水平垂直、简单复杂等变化与交替。舞台构图就是服装模特在舞台表演过程中情绪变化的直接体现，也是通过模特表演动作及步伐体现服装舞台表演深层次内容与内涵的主要方式。高水平的服装舞台表演需要合理、大胆、创新的构图编排，提供主体支持，良好的构图编排就是高质量的舞台调度的主要体现，服装模特能够根据合理的构图编排更有组织地进行空间移动，形成美妙、流畅的画面（9-12）。下面我们着重从舞台服装表

模特：于　彤

图 9-12

演的整体构图编排及组合细化编排两个角度探讨模特的舞台展示构图编排要点。

1. **整体舞台构图编排**　服装模特舞台表演的编排工作重点集中在模特表演的空间安排与规划，根据舞台表演相关理论及编排工作实践经验，舞台前端风格更加明亮（风格新颖类服装多展示于舞台前端），中心则是观众注意力高度集中的中心部分（主打服装多集中于中心位置进行集中展示），舞台后区因距离较远而易产生深远的感觉（多根据服装风格、色彩的不同而安排特定的服装模特在这个区域展示）。进行服装模特舞台表演实际编排工作之时，一般将舞台划分为前后两个区域，并将前区与后区各分为九宫格式的九个部分，有规划地将有创新色彩、有突破性的服装作品集中于前区展示，将寓意深远、更耐人寻味的服装作品集中于舞台的后区展示，并将此次服装展示活动的主打设计集中于前区及后区的中心段展示，根据舞台前后区段、左右方位及距离远近将不同风格的服装魅力发挥至最大。

2. **舞台构图组合编排**　服装表演的舞台构图编排工作应紧紧结合本次服装表演的主题与风格特点，本着从整体到局部的原则，首先完成舞台区段及各区段部位的整体规划设计，再着重根据舞台整体规划设计状况进行细化的模特组合展示编排。分区段的舞台整体构图规划为后续的模特个人、组合、多人舞台展示提供了全面的空间基础，舞台表演的编排人员应在充分结合整体构图编排特点、结合以往编排经验的基础上，确定整个流程中的模特出场顺序、组合特点，具体设计并规划不同区域、不同时段模特出场的人数、步伐、快慢、相背，进而对不同流程及区段、时段出场模特的身高、长相、服装进行合理搭配，将整体的舞台展示构图编排细化到每一个具体的细节，保持每个细节各自的完美与细节之间的有机结合，既要保证每一个服装模特在服装表演中的独特魅力，又要保持各个模特、各个组合之间的整体性，通过有效的平面构图与合理的细化组合构图将模特个体、模特组合的艺术美整合起来（图9-13）。

吉林艺术学院

图9-13

三、舞台表演编排其他影响因素

1. **舞台调度因素**　舞台表演的编排工作应注重对模特上场表演时间的调度，将模特个体舞台表演时间及组合表演时间控制在 100 分钟之内，一般舞台表演时间控制在 45 分钟左右，既要将服装作品的特色与内涵充分展示给观众，又要避免观众过长时间的观看导致疲劳和厌倦之感；场面大过一般服装表演的设计大赛，时长应控制在 1 小时以内；大型的服装表演活动时长不得超过 100 分钟。恰到好处的时间控制能够很好地奠定整个舞台表演的基调，调节舞台表演的节奏，大幅提升整台服装表演的质量。

2. **模特舞台表演具体编排**　模特的舞台服装表演不仅应遵循既定的构图、出场图形、时间节奏，还应有与服装作品及组合相符的造型、步伐及感觉表演，恰到好处地将服装作品展示到位。以上多种模特舞台表演控制因素都应完全服从于服装作品本身及舞台表演构图编排特点，为休闲类服装作品配以慵懒、轻松、明快的动作及姿态，为晚装作品配以高贵、典雅的动作与姿态，将不同风格与特色的服装作品的内涵与品质最大限度地发掘、表现出来。服装模特舞台表演编排工作应紧跟表演主题，注重构图、特征、形式等方面与艺术的协调统一，通过有效的平面构图与合理的细化组合构图将模特个体、模特组合的艺术美整合起来，通过模特、服装及舞台表演形式的完美融合实现舞台表演中的色彩、线条、图形元素的有机结合，赋予服装模特舞台表演以充足的美感。

3. **演出相关人员谢幕编排**　一场服装表演结束时，都会有模特集体上台流水形式的谢幕（图9–14）。通常根据设计师和服装展示方的需要，会安排设计师或是领导谢幕及合影。在谢幕时，需要设计师等动作简洁大方、不扭捏，服装方面最好能为正常服装表演画龙点睛。

图9–14

第四节 | 服装表演场地选择及舞台设计

一、选择表演地点

服装表演的地点选择范围较大，比如剧场、宾馆、电视台演播厅、体育馆、展览馆、商场、广场等均可以作为表演场地。具体场地的确定则要取决于演出目的和组织者的经济实力。

1. 剧场 在剧场或礼堂有供戏剧、舞剧等演出用的大舞台，它同时也适合一些服装表演用。

2. 宾馆 随着城市建设的发展，各地大宾馆数量增多，特别是高档次的宾馆都设有多功能厅、夜总会，这些都为服装表演提供了场地。

3. 电视台演播厅 市级以上的电视台都设有一定规模的演播厅，一般演播厅也可作服装表演的场地。

4. 展览馆 目前，我国一些较大城市都有规模较大的展览馆或展览中心。馆中设有封闭的馆中厅，即便是展览大厅空间也很大，馆中有很多位置可设置服装表演场地。

5. 体育馆 对于场面大、观众多的服装表演，可选择体育馆或体育场。最终的确认要根据观众数量和天气状况决定。

6. 商场 一般较大型的商场都有室内广场和室外广场，普通商场也都有大厅或一定的空间，这些都可以作为服装表演的场地。

二、T台造型设计

地点的选择是确定表演的大环境，台型的确定可以说是明确表演的必要环境，也是在确定模特展示服装的空间。设计师希望观众能够看清楚服装设计的每一个细节，包括面料的质感、配饰、裁剪及制作工艺。服装表演台通常称为天桥（runway）。表演台可分为有高度和平地两大类。平地表演台是在平地上画定一个区域做表演台（无高度）。它制作简单，服装与观众更加接近。下面介绍有高度的台型。

1. 平台 平台指服装表演台各处高度相同的台子，一般有多种台型。服装表演台的一般高度为 80cm，根据需要和现场环境可做一定调整，但要以不影响多数人观看表演为宜。

舞台：是指剧场的台子或形状和剧场的台子相同的表演台，不做任何改造。

伸展台：伸展台是在舞台的基础上演变而来的，台型有很多。最常见的是"I"型台（图 9-15）、"T"台（正"T"和倒"T"，图 9-16），还有"U"型台（图 9-17）、"H"型台（图 9-18）、"X"型台（图 9-19）、"Y"型台（图 9-20）、倒"Z"型台等（图 9-21）。

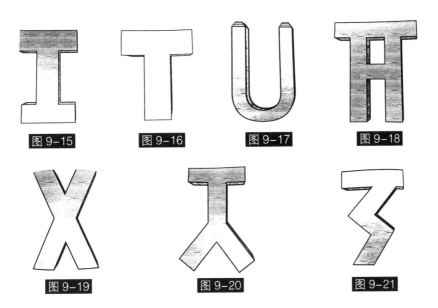

图 9-15　　　　　图 9-16　　　　　图 9-17　　　　　图 9-18

图 9-19　　　　　　　图 9-20　　　　　　　图 9-21

2. **造型台**　造型台指将服装表演台设计成高度不等（如台上设有台阶、坡道或某种造型）并具有一定形状的舞台。

静止台：指台型确定后，各部位静止不动的表演台。

复合台：是指造型台局部可以升降、局部可以横向运动的表演台。一般大型服装表演，为了增强演出的艺术效果，在条件允许的情况下，往往把表演台设计成复合台。

三、舞台背景设计

服装表演台的背景是表演台构成的一部分，也可以说是表演台上不可缺少的道具，它将表演台前后隔开，形成前台和后台。模特要在背景处出场和返回（图 9-22）。

1. **硬背景**　硬背景指用硬质材料制作的背景。常见的主要是直板式风格，也有利用较大场地高一些造型的硬背景，它常用于伸展台上，硬背景可分为固定式、可动式

固定式：指背景板确定后各位置固定不动。

可动式：可动式是指背景板根据设计要求在表演过程中可以运动，有翻转式、旋转式、对开式、往复式等。

2. **软背景**　软背景是指用软质材料制作的背景。一般由天幕（最

图 9-22

后一道幕）和背景幕构成。背景幕可根据需要设定层数，在表演中进行升降。软背景适合配合投影，大多在大剧院表演时使用。

3. 综合式背景　为增加演出气氛，如舞台空间允许的话可设置综合式背景。综合式背景是由硬背景和软背景组合而成。这种形式搭建时较为复杂，且成本较高，一般在大型演出时使用。

4. T台材质选用　在制作 T 台时，由于表演的特殊性，通常的原则是防滑、脚感好、不反光、白色。随着近年来新型材料的不断出现，以及设计师打破常规、以个性化的方式展现服装的诉求，在 T 台的制作中开始出现玻璃台、金属台、木料台等，而 T 台也不再是一成不变的白色，随着服装风格的不同而改变。

四、根据空间感设计舞台尺寸

心理学家在审美主题上有"距离美"这一说，当人与人之间在自然状态或心理状态中存在一定的距离时，往往会给对方留下最美好的印象。编导作为统筹策划者，对表演场地的空间和舞台设计要进行统一布局，以更好地发挥场地优势，烘托舞台表演所需要的气氛（图 9-23）。

舞台设计中，伸展台的高度应恰好能使观众轻松地观看表演，一般近距离时，舞台的高度确定应为观众平视视线落在模特的膝至胯之间为宜。在狭小的空间举行发布会，一般高度宜设定在 20 ~ 50cm。在剧院举行时，一般伸展台高度宜设定在 90 ~ 120cm。随着服装发布的兴起，设计师们逐渐将服装表演搬出剧场，走入生活。为了使每一位观众都能达到最佳观看表演，10 ~ 20cm 甚至没有高度的 T 台和阶梯式的观众席成为当今服装表演的流行趋势。

图 9-23

五、媒体和观众席位置及角度

服装表演的现场一般都是临时搭建而成，所以观众席的位置也成了现场环境设计中重要的一部分。在职业服装表演 T 台设计中，为了给摄影师留有最佳拍摄空间和角度，一般舞台的正前方不安排观众席，会把位置留给记者和媒体。T 台的两侧为观众席，第一排为 VIP 席，靠近记者的位置一般留给重要的嘉宾。

媒体的位置在舞台的正前方，每一级摄影台的高度一般在 40cm，以保证前排的设备和人头不会挡住后面观众的视线。

一般来讲，两排观众席之间的距离不少于 50cm，如果呈阶梯状的观众席，每一阶梯坐席的宽度为 100 ~ 150cm，出于安全考虑，阶梯式的观众席边缘应设计防护栏。

六、后台

服装表演的后台是场地的重要组成部分，模特在上场前的准备工作要在后台完成。后台由化妆间、更衣间、候场区、餐饮区几部分组成。

化妆间：是模特化妆和补妆及做发型的场所。化妆间要有镜子和照明，一般剧院都有化妆间。在设立临时化妆间时，位置应该离背景较近，这有利于妆型和发型的及时调整。

更衣间：是模特换服装的地方，也是服装的存放处，所以要注意：更衣间空间要大，每一名模特有自己的更衣、放衣空间，这样模特在更衣间不至于混乱；要有足够的灯光和衣架；大型演出时要有穿衣工；更衣间离背景要近，且通道处不能摆放任何物品；保持更衣间干净整洁，确保模特良好的表演状态和服装的整洁；设有一个熨烫和修补的空间；要注意防火（图 9-24）。

吉林艺术学院

图 9-24

候场区：候场区是模特准备上场演出的位置，应该设在距离舞台出场口较近的位置。

餐饮区：模特长时间的工作经常会有在演出场地用餐的时候，为了避免弄脏演出服，一般餐饮区要远离更衣区。

七、操控台

操控台是整场演出的关键所在，它就像是打仗时的指挥台。在操控台上的指挥者或者编导必须有良好的视线能够观察到舞台上的状况，要有好的听觉角度听到音响的细节，并且要有一个舒适方便的角度进行操作。为了保证操控者的视线，一般操控台高度在 80cm 以上，以便操控者能够观察到舞台的每一个角落。操控台和观众要有一定的距离，以免操控者的指令被观众听到。

| 第五节 | 服装表演中灯光及音响的应用

一、灯光效果在服装表演中的作用

灯光是服装表演的一个重要元素，灯光具有装饰性，表现力强，可以烘托、渲染舞台气氛，同时强化表演内容，使观众有身临其境的感觉（图 9-25）。

图 9-25

1. 灯光布局

前演区光：指舞台的伸展台部分，应设有面光、侧面光、逆光、脚光。

后演区光：指舞台部分，应设有天幕光、面光、侧面光、逆光和侧逆光。

特殊效果光：追光、激光、紫外线光、平闪光等。

2. 灯光作用

天幕光：天幕光以大面积的光色使观众随着灯光的变化产生联想；也可以作为背景光，在每个系列或主题之间做转换；还可以根据服装的主题进行投影。

追光：是由舞台前方射来并追随演员的灯光，主要作用是特写。

面光与逆光：面光是根据光的投射角度和对模特的方向，可分为高角度面光、低角度面光、正面光与侧面光。逆光是从模特背面投射过来的光。由于模特走台和站位的特点，面光即是逆光，逆光即是面光。它的作用就是使模特不变型，容貌明朗美丽，服装的色彩和质感清晰。光线应不干扰模特走台。

激光：可以制造变幻莫测的光流，以活跃舞台气氛。

频闪光：利用强光的忽明、忽暗强烈对比，对人的视觉产生刺激的效果。

紫外线光：造成的独特效果可以增添表演的神秘感。

二、服装表演的灯光设计

一场成功的服装表演是以表达设计师创作意图为目的，使观众通过表演看清楚服装作品的本质，而不是在于看模特表演，所以服装表演的灯光要以看清服装为原则，还原服装的真实色彩与面料，尽量将光区控制在 T 台之上，同时还要考虑灯光对摄像和照相的影响。

背景光：投射于舞台背景之上，用于增强背板亮度及景深，消除面光产生的影子，变换背景颜色。

后区顶光和侧光：投射于后背板及耳板中间的位置，用于勾画模特的轮廓，将其投射于模特身上，不要投射于背板上。

T 台主光：投射于 T 台之上，它属于 T 台主光源，光斑与 T 台边缘切齐，光勿溢到 T 台以外的部分。

T 台侧光：投射于 T 台两侧，与 T 台主光所要的效果一样。

三、音响及其控制

1. 音响控制部分　分为高音、中音、低音音响。为了使视觉和听觉一致，主音响的位置一般会放置在模特出场口的侧背板两侧。在设计中要考虑音响的占用面积，尽量不遮挡背板。一般情况下，音响设备的功率配置要高出观众人数一倍，这样播放出来的音乐质量会比较饱满。

音响控制系统包括音响控制台、功率放大器、混响器、效果器、播放器等。常用播放器有 CD、MD、MP3、笔记本电脑和硬盘机。

在服装表演的过程中，最令人担心的问题是音乐在播放过程中突然中断或播放顺序错乱等，所以在演出之前将音乐素材全部转录到 MD 磁盘上。演出前准备三张 MD 盘，其中两张用来演出，另一张作为备份。

2. **根据服装舞美风格制作音乐背景**　展示的服装和表演形式确定后，选择音乐是一项重要的工作，主要从以下几方面做考虑：

风格：选择音乐时，首先要明确服装风格，音乐风格要与服装风格相配。

节奏：音乐的节奏应与希望模特达到的走台节奏一致，节奏过快或过慢都将影响模特的走台及对服装的展示。

联想：音乐可以给人带来一个想象的空间。选择的音乐最好拥有一个模糊的主题，使性格不同的人产生各自的联想，当表演结束后，优美的服装和动人的音乐还回响在脑海里。

第六节　服装表演场地的场内管理

一、表演的场内管理

1. **卫生环境管理**　由于服装表演的现场都是临时搭建的，所以会产生装修垃圾。如果不及时清理，不但会影响整个秀场的形象，还有可能会误伤到现场的工作人员。所以将搭建垃圾清理的工作安排给专门的工作人员，在规定的时间清理至规定的地点。

2. **场内嘉宾管理**　设置一个签到处，被邀请的嘉宾在签到后可领取本场服装表演纪念性的小礼品，随后嘉宾按照邀请函上的座位至相应的位置，VIP 嘉宾应在第一排坐席。

3. **治安和安保管理**　根据相关规定，5000 人以上的活动需要到公安系统申报并领取大型活动许可证，并同时申报消防许可证。当规模不够庞大时，主办方也应向消防部门提供以下资料：现场设计图、观众数量及位置、消防通道设置图、舞台材料、用电设备及电源、防火措施、安全负责人的岗位和责任制度。

服装表演的现场秩序属于安保工作的范围，在一般的服装表演中，会给安保人员配备深色西装，使演出现场在安全保障的同时，更加美观。

4. **模特管理**　一场服装表演的模特通常会由一家或者多家模特公司来组成，模特的管理工作通常由各个经纪公司的模特经纪来负责，一般在后台需要总的管理人员来负责安排所有模特的化妆、换装时间和模特的催场安排。

5. **服装管理**　服装表演中最重要的组成部分就是服装，所以服装的管理尤为重要，需要安排清点服装的人员，还要有专人对服装进行熨烫、修补。

6. 演出的善后 服装表演是一个非常巨大的工程，在表演结束后，模特的工作结束了，但是现场的工作并没有结束，一个优秀的团队需要做到以下几项：

将服装清点后如数交还给客户；

将演出现场恢复至原样；

归还借用的道具；

检查现场的设施是否有损坏，及时安排人员修复。

二、服装表演后台职员

在服装表演上，模特们可能是明星，而换装室的工人们则是他们的支柱。没有这些人，表演就不可能取得成功。

1. 服装师 大型服装表演中，要为每一模特配一名服装师。在小型表演时，一位服装师可以为两位，最多为三位模特换装。最理想的服装师是有组织才能的、沉静的、敏捷的，而且是高大的（图9-26）。

每一服装师在服装表演前要和他的模特或模特们把设备全部检视一遍。如某一模特需要注意什么问题，就该在这时提出。如模特需要了解的话，服装师应拉开拉链并松解表演用服装。饰品和零件要检查一次，看看有没有遗失。任何松散的纽扣和应予小修小补处应该立刻缝好，穿戴好的模特第一次上装是容易的，但以后换装就不容易了，因为轮换顺序间通常只有几分钟时间。当模特走上舞台表演时服装师就要为他回来换装做准备，准备帮助脱去所穿的服装，尤其为难的是像靴子一类；并把下一次换穿服装从衣架上取下，并准备按顺序穿上，甚至要准备跪下来帮助穿鞋或穿靴子；并对全部配备做一次快速检查（如有无空口拉链、松下的长裤和摇晃的内衣等）。长统袜有时会穿破或撕破。当模特们回到通道时，服

图9-26

装师应立即把刚表演穿过的服装挂起，并立即准备下次换装。表演结束时，他不能立即离开，一直要到模特把所有服装挂回到衣钩上、饰品放在皮包内、鞋子放进鞋盒为止。

2. **值班员**　值班员（或值班员们）拿着一张模特名单，在换装区内对模特做好安排。如名单上有一位不出席，他要找到这位模特，并要把他安排在岗位上，准备就绪。值班员要知道全体模特的姓名及其形象，这样就能和他们一起协同工作。

3. **检查员**　检查员本人在排队场合内，根据最后一分钟变动的名单来进行纠正。他必须对每一模特很迅速看一遍（从发型化妆直至鞋子）。他指导模特有关任何必须的改变或修饰达到完备的整体外表，绝不允许每一模特离开服装室时口中还嚼着口香糖。在大型表演会时，必须配备两位及以上检查员，以保证表演不致停顿。

4. **调度员**　在准确的时间内，用暗示来调度模特。调度员必须要熟练地将整个服装表演排练一次。如模特过早或过晚出场，就会失去整个效果。调度员必须懂得暗示，并在一刹那时间内做出反应。他手持全部程序单（附有一支钢笔或铅笔，以便作任何最后一分钟的改变）。

5. **化妆师**　化妆师应有一个相宜的地点以便为模特化妆。化妆区应在一个全体模特都可接近的地方，但不要与交通要道列在一条线上。他要有一个带镜子的台子，以及模特坐凳子或椅子。

6. **理发师**　模特头发的式样必须与所穿的服装相配合。理发师根据演出需要为模特更换不同的发型。

7. **修理（补）人员**　无论表演安排得如何恰当，总需要有一位修理人员或在换装室内安排一位裁缝，以便快速修补或放松拉链，兼做烫衣工作。

8. **烫衣工**　很少见到表演直到最后一分钟仍不需要熨烫服装。必须除掉服装上的每一个褶痕，确保上台表演的服装整洁完好。按照表演的规模，需要一至二个烫衣工。要对烫衣工所需的设备加以检查，清洁烫衣布。有些宾馆是有烫衣板和熨斗的，但必须保证备有烫衣布。

9. **安保员**　服装室人多、物杂且有许多贵重物品，专职保护是必需的，否则有可能遗失。模特在表演前一小时报到，是到达的恰当时间，利用这段时间从事下列工作：与服装师再查看一遍衣服、化妆、理发，处理任何意外事件、第一次试装。

思考与练习

1. 服装表演中各项幕后工作人员的分工细化？

2. 一场服装表演的场地选择有哪些？

3. 服装表演的舞台设计中 T 台的分类有哪些？

4. 如何运用灯光与音效的语言融合到服装表演中？

5. 时尚编导的工作内容和策划服装表演的三个阶段？

第十章

课题名称：服装表演市场与模特经纪

课题内容：服装表演的市场化

服装表演模特的经纪与管理方向教育发展

与服装模特相关的职业

在各行业中服装模特需要具备的基本条件

课题时间：4 课时

教学目的：通过对本章的学习，使学生了解服装表演市场化及推广方
法，并对与服装模特相关的职业有一定的了解。

教学重点：1. 了解服装表演市场化的内容。

2. 熟知服装表演模特的经纪管理内容。

3. 对服装模特的相关职业有一定的了解，并掌握在这些职
业中服装模特需要具备的条件。

教学方式：理论教学

课前准备：对服装表演市场有一定的了解。

模特：张新成
图 10-1

模特：闫 飞
图 10-2

模特：李天桅
图 10-3

服装表演训练教程

一、国际与国内服装周的推波助澜

服装表演（Fashion show）是指由服装模特在特定场所通过走台表演，展示时装的活动。服装表演是时装工业的产物。

在国外，模特产业已经形成了庞大的规模，能够实现年产值达到数十亿美元的产业规模。作为后起之秀的中国要将这一舶来的艺术产业发展壮大，就必须与世界接轨，紧跟时尚脚步。随着中西文化的交流与结合，东方的一点绚烂、一点神秘、一点莫测，带着震世的惊叹来到世界舞台上，在很大程度上成为推动流行的强劲动力。这使中国模特迈向国际舞台成为可能（图 10-1）。

我国从 20 世纪 80 年代起，由中国服装研究设计中心和中国服装杂志社向国内外发布服装流行趋势，每年会进行两次服装流行趋势发布（图 10-2）。近年来，随着模特市场的国际化，国际四大服装周相继出现了中国模特的面孔，这为中国的服装模特行业发展增添了新动力。随着百姓消费观念的不断成熟和衣着消费市场的不断变化，中外知名品牌和设计师对自身品牌文化及设计内涵的建设进一步加强，各国国际服装周定期举办新品发布成为品牌引导市场消费、提升自身形象、增强市场竞争力的重要手段。尤其是每年 3 月和 11 月在北京举办的中国国际服装周，成为了国内潮流的风向标。

1. **服装流行趋势发布** 服装流行趋势发布是指每个流行期收集服装研究部门和社会、工厂服装设计师的近期作品，以服装表演的形式公布于众（图 10-3）。

发布会每年会举行两次，一次是春夏时装发布，另外一次则是秋冬时装发布。这一类的表演都含有超前思维和预测性。目前在巴黎、伦敦、米兰、纽约、东京等城市举办的时装发布在世界上的知名度很高，其中在巴黎的时装发布对世界的时装流行有指导意义。

2. 品牌设计师专场　设计师专场是一名设计师作品或多名设计师的作品进行专场表演，主要目的是展示设计师的才华，达到推名师、树品牌的目的。由于专场表演的主题由设计师自行确定，其作品具有一定的创意性、前卫性。表演气氛独特、花样翻新，利用变幻莫测的声、光效果创造出人意料的气氛，使观众印象深刻。作为服装模特不仅要会用不同的风格演绎服装，还要了解每一个设计师的设计意图和挑选模特的风格（图10-4）。

模特：于小荷

图10-4

国际知名设计师——计文波

计文波老师曾在吉林艺术学院授课中讲到"态度决定一切"。作为中国服装设计最高奖项——金顶奖得主，计文波老师在挑选模特时，也有着很高的要求。首先明确自己的作品风格需要什么样的模特来展示。模特，作为服装展示的载体，必须把服装展示出最佳效果，对身高和比例的要求比较高，女模为177～181cm，男模为187～191cm，低于或者高于这个范围较少考虑，身材的比例也是相当重要的，有的模特身高不高，但比例好，会给人很高的感觉，相反，有些模特身高够高，但比例不够好，就会起到反作用。其次是模特的气质，比较青睐干净利落的、阳光、有点小个性的男模和有灵气、自信、干练、有气场、可塑性强的女模。最后看重是模特的素质和态度，光有外表，素质不好的模特坚决不用，态度则是决定一个模特能否有未来的重要因素（图10-5）。

设计师：计文波

图10-5

模特：张芯竹

图 10-6

模特：张馨月

图 10-7

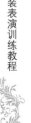

二、模特参加面试的必备功课

1. **了解面试品牌** 服装模特要理解品牌文化，了解品牌定位，明确模特对所展示时装的理解，同时也包括对音乐的理解、对编导或设计师意图的理解等。模特只有在表演前能正确理解掌握品牌服装应展示和突出的部位，才能将设计师构思的时装完美、真实、准确地展现给观众。模特展示的每组时装都有不同的风格、造型、款式、色彩、图案、面料，模特要能够深刻感受不同的服装所表达的艺术主题，通过形象思维，勾画出表演该服装时应选用的表演手法，包括表情、气质、台步、转身、造型及与其他模特的配合等（图 10-6）。

一个成功的模特区别于一般的模特，除了展示作品之余，更需要各方面的综合素质，比如说对于内衣模特而言，较好的身材比例与皮肤，减少个人特质的标志物会让模特可塑性更强，较好的文化基础能使模特对所展示的商品理解透彻，展示出自己的优势与商品的优势，较有气场的 T 台走秀与恰到好处的展示风格，会让品牌长期钟情，同时也能让模特本身发挥更多特质，更快出类拔萃。

总之，就是要求模特更好地理解品牌设计的定位，通过自身的艺术修养，以及自身的气场，完美的在 T 台上向观众很好的表达。

2. **了解设计师的风格及喜好** 模特的职责是展示服装设计之美，一件服装设计作品在展示之前是静止的、平面的，只有当模特穿上它走上 T 台时，服装才被赋予了生命，才能得到多方位的展示（图 10-7）。所以，模特能够很好的理解设计师的设计理念，将对于一场发布会的成功与否至关重要，除了对设计师的了解，模特还要对自身有足够的分析：其一，要懂得认识自身的与众不同之处；其二，自身涵养的体现；其三，熟悉并挖掘各种表现手法，体会作品意图，融入自身的构思。所以，模特在拿到服装后，就要把感觉进入服装的穿戴环境中去，在心里树立起这一服装角色的最佳形象，并在表演中把握住这一形象的感觉。

3. **打造一个干净、整洁的形象**　首先，在每次面试时，行头要得当，给面试官留下美好的印象（图 10-8）。其次，面试后，争取得到面试官评价，为下一次面试做准备。回家后，对面试进行总结，争取做到每次面试都有进步。第三，在面试前，要对品牌有一定的了解，对设计师的性格也要有一定了解。第四，要恰当地演绎，不要过分表现自己，也不要不表现自己。第五，自信是面试成功的法宝，相信自己一定可以得到这个机会。最重要的一点：经常与他人交流，尤其

吉林艺术学院

图 10-8

是那些你觉得并不出色，而面试成功率却很高的人，他们一定有着自己的过人之处。人不能永远原地踏步、止步不前，只有不断地进步，才不怕被后来人超越。每次进步一点点，结果就会大不同。

4. **面试后与经纪人或品牌负责人的积极联络**　面试成功与否并不代表着某项工作告一段落。面试成功的模特在结束面试后应积极主动地和经纪人或工作人员沟通，留下联系方式，安排好后续的工作内容。没有通过面试的模特不要气馁，与经纪人保持紧密的联系，因为在试装的过程中，随时都有可能因为服装的不合身而需要调换模特等状况的发生，让经纪人可以在第一时间找到你去试装，也可能获取演出的机会。

第二节　服装表演模特的经纪与管理方向教育发展

一、模特经纪人

1. **经纪人的基本概念**　经纪人是商品生产发展和社会分工的产物，是介绍买卖双方

交易并从中获取佣金的中间商人。这里所讲的经纪人是与文化市场相关的众多行业（如演出、出版、娱乐、文物等）的经纪人群体，即文化经纪人。

2．模特经纪人的作用

（1）能有效地整合资源。

（2）是模特与文化市场之间的联络纽带。

（3）是推动模特市场及文化市场发展的助力器。

（4）是连接世界各国间模特文化交流的桥梁。

3．模特经纪人职能

（1）各种信息的收集、处理及传递。

（2）中介服务的职能提高了市场的组织化服务，降低了文化市场交易费用，深化了文化市场的分工，同时还能提高客户知名度，树立良好的公众形象。

（3）可以使代理的活动合法化，并明确双方的权利和义务，同时在自己的授权范围内令经纪活动呈现个性化的特点。

4．经纪人的权利与义务

（1）经纪人的权利：享有依据委托进行中介的权利；享有了解中介项目情况的权利；享有拒绝不正当要求的权利；在维护个人利益和国家集体利益的前提下，享有终止合同的权利；享有活动合理收益的权利。

（2）经纪人的义务：有履行委托职责的义务；如实公正介绍演出情况，不得隐瞒或者夸大；亲自完成委托的任务；要维护委托人的利益；遵纪守法，不得进行违法活动。

5．经纪人的相关法律和制度

涉及经纪人有关的法律法规有《营业性演出管理条例》《营业性演出管理条例实施细则》《在华外国人参加演出活动管理办法》《文化部涉外文化艺术表演及展览管理规定》《经纪人管理办法》《中华人民共和国民法通则》《中华人民共和国合同法》《中华人民共和国担保法》《中华人民共和国公司法》《中华人民共和国合伙企业法》《中华人民共和国个人独资企业法》《中华人民共和国著作权法实施条例》《中华人民共和国反不正当竞争法》《中华人民共和国广告法》《中华人民共和国消费者权益保护法》《中华人民共和国价格法》《中华人民共和国个人所得税法》《中华人民共和国营业税暂行条例》《中华人民共和国税收征收管理法》《中华人民共和国民事诉讼法》《中华人民共和国仲裁法》。

二、服装表演模特与经纪人的活动内容与策略

1．模特经纪公司的重要性　目前，在模特行业的主流，优秀的模特必须签约专业的模特经纪公司，职业模特必须有自己的代理模特经纪人。模特代理公司是模特表演的中介机构，它的职责是为各类客户介绍他们所有的模特资源，为模特提供合适的演出机会，代

理公司掌握着签约模特的档案，包括身体条件、文化素养、获奖情况、表演经历、爱好特长等全部文字与形象资料，以便向有需要的企业、团队推荐，经纪人的水平、签约模特的数量与质量、模特的演出档次和代理公司的影响力等因素决定着公司的实力（图10-9）。

吉林艺术学院

图10-9

2. 模特经纪的职责

（1）经纪公司会对签约模特进行宣传。对于名模或者有明星潜力的苗子，代理公司会利用各种媒体、专业网站，效果直观的幻灯片和录像带等宣传手段，对模特进行全面、系统地包装，公司组织的这些必要的宣传活动是为了扩大模特的影响。

（2）模特经纪公司与模特签订合同，在合同有效期内，代理公司安排模特的宣传、演出活动，帮助模特做出客观而有效的判断与决策，是模特在经营上的全权代理，代理经纪人是模特与市场之间的纽带，是有经营头脑的专家，模特要虚心听取他们的建议，这样才有足够的精力关注本身的表演质量和完成好表演之外的学习、工作，更好地发挥自己的能力。同时模特也要遵守合同，模特也可以自己承接广告、演出或其他模特活动，但必须要经过模特经纪人出面为其谈判签约，每项业务活动需缴纳约定比例的经纪代理费用。此做法为行业的规范，专业模特公司的惯例。

3. 模特与经纪人工作的配合
模特应相信他的经纪公司和负责他的经纪人，并充分发挥和利用，模特会发现经纪人很少出错，经纪人为增加一个模特的产出的能力会研究市场，知道哪一类模特行情走俏，并用最有效的方法推广他，模特必须服从经纪人的工作安排，并保质保量完成。

模特对经纪公司和负责他的经纪人发布的通告和商演要积极配合并且及时参与面试。

模特要将头发、皮肤、面容、体重、个人经历毫无保留地与经纪人沟通，不得欺瞒。模特与经纪人要保持密切的联系，使经纪人更好地掌握模特的现状，从而为模特选择适合的工作任务，经纪人要无条件地保护模特的人身安全和个人形象，对侮辱诽谤的人或非法活动要给予制止，维护模特个人利益。

4. 模特在工作中应当履行的义务

（1）准时，在你的经纪人或客户指定的时间内到达工作地点，一般情况下应提早到达以熟悉现场环境，如有特殊情况必须提前电话沟通。

（2）充分做好准备，到达指定地点，需要准备好之前被告知带的一些物品，或者对

吉林艺术学院

图 10-10

形象造型有任何要求，需要在到达时将其整理好，以免耽误工作进程。

（3）健康状态，模特要保持良好的身体状况，保证充足的睡眠，良好的皮肤状况，仪表的整洁程度、头发质感，身体不适等会影响工作状态的因素应尽可能避免。

（4）保持良好的心态，保持积极乐观的心态，配合工作人员完成工作任务，不能总抱怨或依照自己个人行为意愿，有问题需要及时沟通协调，不能停工或罢工，保持耐心（图 10-10）。

（5）高效率，快而不乱，做事情讲究认真，遇事情不拖泥带水，全身心投入工作，从而保质保量地完成客户交代的任务。

（6）负责任，工作进行中要用心，如果因为个人原因搞砸工作要及时承担相应的责任及赔偿，不可逃避或推卸责任。

（7）坚定的意志，吃苦耐劳。在完成客户指定的任务时，如果有完不成的高难度挑战，需要勇于挑战不断突破自己，对于环境艰苦的拍摄地不要抱怨，听从安排。

（8）专业，要具备专业模特的素质和职业的道德，对自己个人条件要保养好，不得擅自对头发、体重、肤色、面容等进行改变。

（9）表现力和创造性，在工作环境中要善于突破自己，表现出多重个性独一无二的自己，对客户给的任务要不断发掘自己的潜质，更有深度地表现出来。

第三节 | 与服装模特相关的职业

在这众多行业中与模特领域相关的工作有很多，这些职业需求都需要和模特类似的专业技巧和与生俱来的天赋。如果模特领域中没有达到预期的高度，不妨修正职业追求另辟蹊径。即便已经是一个非常有成就的模特，但是要正确的认识到，模特的生涯是短暂的，要为自己的将来开辟新的道路，保持一种开放的思想，不断探索其他领域，从而取得成功。

一、化妆造型师

随着社会经济的发展和消费意识观念的不断提高，化妆造型行业也经历着飞速的发展壮大，化妆消费群体也日益扩大，越来越多的人比以往更加注重自己的形象，青睐于形象设计，追求完美个性的塑造，形成了一股巨大的消费潮流。同时，为社会各个层面人士所服务的化妆造型师也应运而生。化妆造型师这一职业已从单纯的影视、舞台延伸并融入普通大众的生活中去（图10-11）。

化妆造型是一个有难度且体系复杂的学科领域，不是一个人单纯地依靠个人兴趣或是自身天赋就能成为一名出色的化妆造型师。那么，化妆造型到底是一个什么样的概念，作为一名职业化妆造型师，应该具备怎样的专业素质或个人特质呢？

吉林艺术学院

图 10-11

化妆造型总的来说是一种视觉艺术。它是在人的自然相貌和整体形象的基础上，运用艺术表现的手法，弥补人们形象的缺陷、增添真实自然的美感，或营造出不同风格、不同创意的整体艺术形象。作为一名优秀的专业化妆造型师必须具备专业、全面的技术实力和高于常人的艺术审美眼光，同时还要具备敏锐的思维感知能力和创造性设计表现能力。

化妆造型不仅仅是具备实操性和服务性的简单手工作业，更重要的是设计和塑造完美形象，广义上也属于艺术创作的范畴，其中蕴含着丰富艺术内涵和文化修养。化妆造型已不再是单纯追求唯美的妆面效果，表现一个漂亮的妆面造型，也不再是刻意追求妆面的创意与另类，而是更注重表现人物内在气质，根据人物自身条件、素材和环境因素，把妆面造型和综合因素有机地结合在一起，运用娴熟的表现技法，缔造整体美感，展现形象设计给予人的一种生命活力。

化妆造型是一门综合的形象艺术，作为从业者必须具备一定的文化底蕴和扎实的专业功底等多方面的知识和修养，才能创造出有生命力、延展力和富有内涵的作品。如果只是通过短期培训以求专业技巧的速成，这只能为个人的短期就业所用，从长远的发展和提升来说还是远远不够的。

模特：张人月

图 10-12

二、形象设计师

1. 职业背景及定义 形象设计师这一职业诞生于欧美，我国自20世纪80年代末以来，也开始出现形象设计人员。他们一般是从美容、化妆、服装设计等其他职业中衍生而来，从业余到专业，从擅长一门到注重整体，从整体风格上为顾客打造最适合个人的外在形象。目标顾客包括模特、公关等拥有社交需求的人群和广大爱美人士。通过提升人的内在素养、协调和美化外在形象，使其更加具有独特魅力的工作统称为形象设计。取得中国形象设计协会注册形象设计师证书并从事个人整体形象包装的专业人士，统称为形象设计师（图 10-12）。

2. 工作职责 形象设计师的主要工作包括服饰搭配、化妆造型、色彩诊断、形体矫正训练、礼仪培训等。形象设计是对人进行与环境相对应的艺术包装，是对社会人的不同定位进行内在与外在的设计塑造，以人为本，对人的形象进行设计，如普通百姓的形象包装，各类政治人物的形象策划，影视文娱人物的形象设计等。

"学习形象设计的第一受益者是自己"，中国形象设计师协会秘书长程从正说，"忽然间变得风姿绰约，光彩照人，他人赞许的眼神会让你的生活充满幸福和自信；第二受益者还是自己，在任何岗位上，优雅得体、赏心悦目的形象总是机会的青睐者；第三是你周围的人，用你的神奇之手为他们扮靓更精彩的人生。形象设计师就是这样一个时尚的阳光职业，充满着神秘和高贵，让我们毕生追求并为其奋斗一生的梦想。"

三、橱窗设计师

1. 职业概述 橱窗是潮流的风向标，而橱窗设计师正是这股潮流的领导者。利用灯光、色彩、视觉效果、搭配等，在充分了解品牌文化的基础上，橱窗设计师们创造着引人无限遐想的布置主题，让时尚服装产业的美丽面孔集中体现在几平方米内的空间中，令观者眼前一亮，产生进店购买的行动（图 10-13）。

早在20世纪初欧洲开始出现橱窗时，就已经有了橱窗设计师这个职位，后来随着百货商场的发展需求，橱窗设计师的工作开始延伸到店内陈列，可以说，橱窗设计师的起源早于陈列设计师。如今，随着国内时尚产业的细分，继服装陈列、陈列管理等门类从陈列

产业链中独立之后，橱窗设计也开始自立门庭。

传统百货商场为了与电商抗衡，纷纷开始在橱窗设计里大做文章，设计独到的橱窗可以大幅提高商场的进店率和销售额，橱窗的设计创意和施工技术也越来越精细考究，这对设计师来说是个巨大的挑战。时至今日，橱窗设计师的职能开始多元化，工作范围的扩大要求设计师必须同时掌握陈列设计和橱窗设计，这是一个必然的发展趋势。如今，中赫时尚针对目前市场需求，联合英国橱窗设计大师尚恩·阿姆斯特朗（Shaun Amstrong），推出的橱窗设计研修课程，全面打造中国第一家纯欧洲引入式专业橱窗设计，全程对接橱窗设计职能，填补目前国内市场上橱窗设计行业的巨大空缺。这不仅仅意味着大把的就业机会和未来的广阔前景和晋升空间，还意味着你可以以中国第一批专业橱窗设计师的身份出现在这个行业中。

模特：王菁菁

图 10-13

2. 工作内容

（1）橱窗设计创意、构思和效果图的绘制。

（2）在深入了解品牌文化与服装设计的基础上，进行橱窗的主题布置。

（3）画设计草图，并在装饰期间内不断完善修改。

（4）进行木头模特的服装搭配。

（5）进行各种服饰物品的陈列。

（6）设计橱窗玻璃的单面双面以及封闭、半封闭、透明、敞开等的各种结构。

（7）考虑橱窗设计与视觉中心、视线流动、视觉语言和视觉流程的心理效应。

（8）分析橱窗的色彩对比，以及色彩对人的生理和心理影响。

（9）充分利用灯光的性质，用照明技术对橱窗陈列产生积极的作用。

（10）根据各项规划寻找合适材料，主要考虑的因素是创新、低成本。

四、服装设计师

（1）负责管理某品牌产品的设计方向。

（2）确定初步设计定型。

（3）以专业需求、功能性和时尚元素为设计实现基础，确保设计满足公司产品市场定位。

图 10-14

服装表演训练教程

时尚摄影师：李东鹤

图 10-15

（4）按规定时间完成产品系列设计图稿。

（5）跟进初板制作完成。

五、服装模特编导

编导是编排和导演的总称，服装模特编导就是服装表演的编排者、设计者和组织者。在整个创作过程中，编导需要针对服装表演艺术的创作规律和特点，与服装设计师、化妆师、舞台调度师、音响师、舞台设计师及模特等共同合作完成服装表演的目标（10-14）。

服装模特编导的工作职责：

确定服装表演的主题；

制订演出方案；

选择表演服装；

选择适合服装风格的模特；

舞台美术设计舞美效果；

编选适合舞美效果的音乐；

进行表演编排设计；

组织排练；

协调相关活动各方面的关系做好统筹安排和调动。

六、时尚摄影师

作为一名时尚行业的摄影师，要在激烈的竞争中取得成功、取得优异的成绩，必须具备过硬的专业水平、美术天赋和极好的人际交往和沟通能力，能够激发出镜头内人物的表现力。尽管很多摄影师通过自学获得成功，但进入大学、艺术学校摄影班等工作式学习可以构建坚固的技术基础，积累令人印象深刻的摄影作品。另外，摄影师需要找到自己独有的摄影风格，点亮自己个性的标签（图 10-15）。

1. 职业定义编辑 使用照相机、感光片、光源和造型技艺在室内外拍摄人像、风景、产品及生产或生活图像信息的人员。

2. **工作内容编辑** 根据拍摄任务，制订详细的拍摄工作计划及时间安排；根据工作需要，挑选合适的摄影设备；选择适当的拍摄角度，安放摄影设备；根据导演的要求，运用摄影艺术手段完成影视片的电影造型；在完成拍摄任务的整个过程中，与拍摄小组的其他成员紧密协作；与被拍摄者沟通，以达到快速进入拍摄状态的效果；使用专业的设备对所拍摄的影像进行编辑处理。

七、模特经纪人

1. **职业概念** 模特经纪人是负责模特从基础培养到策划包装并推向市场，能够让模特成为各种品牌形象代言人和参加各种品牌时装发布会并获取佣金的人。他们是模特明星的制造者，是模特行业的幕后英雄。

模特经纪人是复合型人才。做好经纪人比做模特更难，一位模特的发展前景好坏和市场认可率的高低，很大程度上取决于经纪人在对模特培养、包装、市场推广上是否成功。

2. **工作要求**

（1）熟悉模特市场及模特管理工作流程；有发掘和培养模特新人的能力；有规划和安排模特职业生涯的实力。

（2）有广泛良好的影视媒体资源、演出资源和模特资源，并具备一定的企业客户资源。

（3）对流行时尚事物敏锐，熟悉模特、演艺娱乐行业动向，同时对服装编导及服装管理有一定的理解。

（4）工作责任心强，工作热情高，团体意识强，有良好的市场拓展能力、沟通能力、组织能力、协调能力和管理能力。

第四节　在各行业中服装模特需要具备的基本条件

一、个人品质

要做一名诚实守信的人，不隐瞒外貌改变信息，了解、正视自身的优点和缺点，面对挫折要用积极的心态去应对。

要做一个可靠的人，始终要守约，准时赴约和工作，如果有不可避免的或突发性的意外要及时打电话或联系相关人员，不要因为个人行为和意愿影响到正常的工作。

做一个少说话多做事的人，对于自己不了解、不清楚的事情不评论、不传播，全身心地投入工作中，言多必失，不要将个人或他人生活隐私带入工作中，踏实做事，将分配的任务保质标量完成，做一个勤快务实的人。

二、了解自己的专业，拥有模特成功所需的技能

化妆可以突出形象气质，良好的妆容、大气的外表总是能让人眼前一亮，在不同的场合画适合自己、适合环境背景的妆容，在人群中脱颖而出。

弄懂自己身处的场合和需要做的工作，在此基础上做适合自己做的事情，再深化相配的面部表情和肢体动作。

习惯在镜头前的完美呈现，可以运用到各个地方，举手投足间的大气，每个动作、眼神、表情都要做到张弛有度，增添个人魅力。

将模特学习中的良好步态加以变化应用到各种场合，结合自身穿着，走出与其相配的步子，凸显个人独特的气质。

培养自己的演说能力，善于表达自己的想法，良好的语言表达能力，是推荐自己、达成友好合作的前提。

思考与练习

1. 模特经纪人的概念？

2. 模特经纪人及模特经纪公司对模特的重要性？

3. 什么是服装表演的市场化？

4. 服装流行趋势在发布会中的体现？

5. 模特参加品牌面试时需要做的必修课程是什么？

6. 服装模特的多栖的发展方向有哪些？

7. 与模特相关的职业分类有哪些？每个相关行业的共同点有哪些？

8. 结合教材与所学知识为自己进行职业生涯规划。

服装表演训练教程

参考文献

［1］吴卫刚. 时装模特训练教程 [M]. 北京：中国纺织出版社，2000.

［2］肖彬，张舰. 服装表演概论 [M]. 北京：中国纺织出版社，2010.

［3］琳达·A. 巴赫. 完全模特手册 [M]. 王菁，译. 北京：中国轻工业出版社，2008.

［4］朱焕良. 时装表演教程 [M]. 北京：中国纺织出版社，2002.

［5］朱迪思·C. 埃弗雷特，克瑞斯特·K. 斯旺森. 服装表演导航 [M]. 董清松，张玲译. 北京：中国纺织出版社，2003.

［6］包铭新. 时装表演艺术 [M]. 上海：中国纺织大学出版社，1997.

［7］孟广城. 中国古典舞基本功训练教学法 [M]. 上海：上海音乐出版社，2004.

［8］唐满城，金浩. 中国古典舞身韵教学法 [M]. 上海：上海音乐出版社，2011.

［9］孟广城. 古典芭蕾舞基本功训练教程 [M]. 上海：上海音乐出版社，2004.

［10］于润洋. 西方现代音乐哲学导论 [M]. 北京：人民音乐出版社，2012.

后　记

随着服装信息产业的发展，接受过专业服装表演训练的高素质复合型人才方能满足服装市场的需要。

从事国内高等院校服装表演专业教育十余年来，看到了服装表演行业不断发展完善，也看到了有关服装表演专业教材的缺乏。尤其是既能作为国内高等院校服装表演专业教学的教材，又能用于专业教师与学生参考的书籍仍然较少。作为中国设计师协会模特委员及亚洲模特协会模特教育委员会委员单位的吉林艺术学院希望能够完成教材的出版，有助于推进我国服装表演专业教育、培训、管理的规范化和专业化进程。

《服装表演训练教程》这一教材中文字部分是以作者多年来对服装表演教学的研究成果、课程教案以及实践经验为基础，同时还收入了一些国内外相关专家、学者的见解，从而更加客观地、全面地反映这一领域的研究现状。在吉林艺术学院金润姬教授的带领下，经过了两年的酝酿和策划，最后由金润姬、辛以璐、李笑南三位教师共同完成了本教材的整合编撰。

由于受专业事业、学术能力及写作时间等因素的影响，在一些概念的阐述、方法原理的运用时难免会有遗漏及有待推敲之处，我恳请专家和读者在阅读时提出指正，使服装表演专业教材更加完善。

作为本书主编，我希望本书的出版有助于推进我国服装表演专业教育、培训、管理的规范和专业化。在此，衷心地感谢中国纺织出版社的领导、编辑给予的大力支持，也感谢对此书提出需对宝贵意见的同行、师友们：感谢吉林艺术学院李际教授在专业知识领域提供的

服装表演训练教程

整体指导，王志惠老师在服装方面提供的帮助，杨志老师对书中专业示范动作的拍摄，同时本书中的专业动作是由吉林艺术学院服装表演专业 2014 级李天桅和焦贺同学进行示范，出现的所有图片模特均为吉林艺术学院服装表演专业学生。

编著者
2016 年 1 月

《时装管理基础》
作者：[英]苏珊·狄
龙 著 邹游 译
定价：待定
ISBN：9787518004195

《时尚市场营销》
作者：[英]哈里特·波斯纳
著：张书勤 译 定价：待定
ISBN：9787518003471

《服装卖场陈列》
作者：李维 编著
定价：49.80元
ISBN：9787506488280

《视觉营销：橱窗与店 《服装陈列设计师教程》
面陈列设计》

作者：[英]托尼·摩根
定价：78.00元
ISBN：9787518003495

作者：穆芸 潘力
定价：48.00元
ISBN：9787506496476

《国际名模录》
作者：皇甫菊含 主编
定价：45.00元（暂定）
ISBN：9787506484695

**《时尚产业管理—服
装营销推广》**
作者：格温妮丝·摩尔 著
定价：49.80元（暂定）